아이스크림 더 연산

왜, 『더 연산』일까요?

수학은 기초가 중요한 학문입니다.

기초가 튼튼하지 않으면 학년이 올라갈수록 수학을 마주하기 어려워지고, 그로 인해 수포자도 생기게 됩니다.
이러한 이유는 수학은 계통성이 강한 학문이기 때문입니다.
수학의 기초가 부족하면 후속 학습에 영향을 주게 되므로 기초는 무엇보다 중요합니다.
또한 기초가 튼튼하면 문제를 해결하는 힘이 생기고 학습에 자신감이 붙게 되므로 기초를 단단히 해야 합니다.

수학의 기초는 연산부터 시작합니다.

『더 연산』은 초등학교 1학년부터 6학년까지의 전체 연산을 모두 모아 덧셈, 뺄셈, 곱셈, 나눗셈을 각 1권으로,
분수, 소수를 각 2권으로 구성하여 계통성을 살려 집중적으로 학습하는 교재입니다(* 아래 표 참고).
연산을 집중적으로 학습하여 부족한 부분은 보완하고, 학습의 흐름을 이해할 수 있게 하였습니다.

	1-1	1-2	2-1	2-2	분수 A 〈br〉 3-1	3-2
	9까지의 수	100까지의 수	세 자리 수	네 자리 수	덧셈과 뺄셈	곱셈
	여러 가지 모양	덧셈과 뺄셈	여러 가지 도형	곱셈구구	평면도형	나눗셈
	덧셈과 뺄셈	여러 가지 모양	덧셈과 뺄셈	길이 재기	나눗셈	원
	비교하기	덧셈과 뺄셈	길이 재기	시각과 시간	곱셈	분수
	50까지의 수	시계 보기와 규칙 찾기	분류하기	표와 그래프	길이와 시간	들이와 무게
	–	덧셈과 뺄셈	곱셈	규칙 찾기	분수와 소수	자료의 정리

분수 B에서 분수의 덧셈, 뺄셈을 학습하기 전에 분수 A에서 분수의 덧셈, 뺄셈을 복습할 수 있어요.

분수의 곱셈을 확실히 이해하도록 반복해서 학습하면 더 나아가 분수의 나눗셈도 도전할 수 있어요.

『더 연산』은 아래와 같은 상황에 더 필요하고 유용한 교재입니다.

✷ 이전 학년 또는 이전 학기에 배운 내용을 다시 학습해야 할 필요가 있을 때,

✷ 학기와 학기 사이에 배우지 않는 시기가 생길 때,

✷ 현재 학습 내용을 이전 학습, 이후 학습과 연결하여 학습 내용에 대한 이해를 더 견고하게 하고 싶을 때,

✷ 이후에 배울 내용을 미리 공부하고 싶을 때,

『더 연산』이 적합합니다.

『더 연산』은 부담스럽지 않고 꾸준히 학습할 수 있게 하루에 한 주제 분량으로 구성하였습니다.

한 주제는 간단히 개념을 확인한 후 4쪽 분량으로 연습하도록 구성하여 지치지 않게 꾸준히 학습하는 습관을 기를 수 있도록 하였습니다.

4-1	4-2
큰 수	분수의 덧셈과 뺄셈
각도	삼각형
곱셈과 나눗셈	소수의 덧셈과 뺄셈
평면도형의 이동	사각형
막대그래프	꺾은선그래프
규칙 찾기	다각형

* 학기 구성의 예

분수 B

5-1	5-2	6-1	6-2
자연수의 혼합 계산	수의 범위와 어림하기	분수의 나눗셈	분수의 나눗셈
약수와 배수	분수의 곱셈	각기둥과 각뿔	소수의 나눗셈
규칙과 대응	합동과 대칭	소수의 나눗셈	공간과 입체
약분과 통분	소수의 곱셈	비와 비율	비례식과 비례배분
분수의 덧셈과 뺄셈	직육면체	여러 가지 그래프	원의 넓이
다각형의 둘레와 넓이	평균과 가능성	직육면체의 겉넓이와 부피	원기둥, 원뿔, 구

분수 계산을 단단하게 하기 위해 분수의 곱셈을 복습하고 분수의 나눗셈을 학습해요.

중학교 수학에서 꼭 필요한 분수의 기초를 분수 B에서 다져 보세요.

구성과 특징

출발!

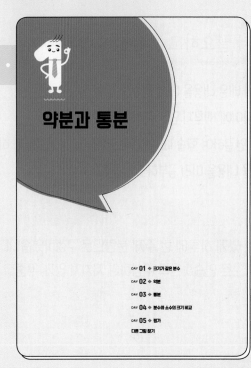

약분과 통분

1 공부할 내용을 미리 확인해요.

2 주제별 문제를 해결해요.

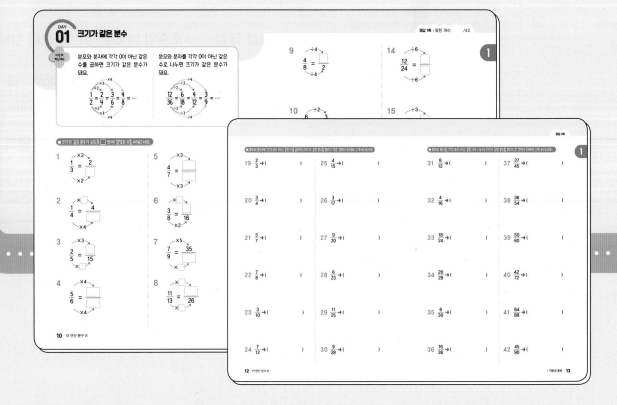

도착!

4 그림을 찾으며
잠시 쉬어 가요.

정답 5쪽

다른 그림 찾기 ☆

다른 그림 8곳을 찾아보세요.

28 · 더 연산 분수 B

3 단원을 마무리해요.

---

05 평가

정답 5쪽 · 맞힌 개수 /24

● 크기가 같은 분수를 2개씩 써 보세요.

1 $\frac{3}{5}$ → (   )

2 $\frac{5}{12}$ → (   )

3 $\frac{11}{15}$ → (   )

4 $\frac{18}{27}$ → (   )

5 $\frac{18}{36}$ → (   )

6 $\frac{20}{50}$ → (   )

● 기약분수로 나타내어 보세요.

7 $\frac{10}{15}$ → (   )

8 $\frac{15}{24}$ → (   )

9 $\frac{18}{32}$ → (   )

10 $\frac{24}{40}$ → (   )

11 $\frac{30}{54}$ → (   )

12 $\frac{57}{76}$ → (   )

● 두 분수를 통분해 보세요.

13 $\left(\frac{1}{2}, \frac{3}{7}\right)$ → (,   )

14 $\left(\frac{3}{10}, \frac{4}{5}\right)$ → (,   )

15 $\left(\frac{7}{12}, \frac{5}{9}\right)$ → (,   )

16 $\left(\frac{9}{14}, \frac{3}{4}\right)$ → (,   )

17 $\left(\frac{7}{16}, \frac{11}{20}\right)$ → (,   )

18 $\left(\frac{13}{25}, \frac{1}{10}\right)$ → (,   )

● 두 수의 크기를 비교하여 ○ 안에 >, =, <를 알맞게 써 넣으세요.

19 $\frac{3}{5}$ ○ $\frac{3}{4}$

20 $\frac{7}{12}$ ○ $\frac{5}{8}$

21 $\frac{11}{24}$ ○ $\frac{7}{18}$

22 $\frac{13}{25}$ ○ 0.51

23 0.25 ○ $\frac{1}{4}$

24 0.39 ○ $\frac{21}{50}$

차례

1 약분과 통분

2 분모가 다른 분수의 덧셈과 뺄셈

3

분수의 곱셈

4

분수의 나눗셈

공부 습관, 하루를 쌓아요!

◉ 공부한 내용에 맞게 공부한 날짜를 적고, 만족한 정도만큼 ✓표 해요.

공부한 내용	공부한 날짜	✓ 확인 ☺ ☺ ☹
DAY **01** 크기가 같은 분수	월 일	☐ ☐ ☐
DAY **02** 약분	월 일	☐ ☐ ☐
DAY **03** 통분	월 일	☐ ☐ ☐
DAY **04** 분수와 소수의 크기 비교	월 일	☐ ☐ ☐
DAY **05** 평가	월 일	☐ ☐ ☐
DAY **06** (진분수)+(진분수): 합이 1보다 작은 경우	월 일	☐ ☐ ☐
DAY **07** (진분수)+(진분수): 합이 1보다 큰 경우	월 일	☐ ☐ ☐
DAY **08** (대분수)+(대분수)	월 일	☐ ☐ ☐
DAY **09** (진분수)−(진분수)	월 일	☐ ☐ ☐
DAY **10** (대분수)−(대분수): 진분수끼리 뺄 수 있는 경우	월 일	☐ ☐ ☐
DAY **11** (대분수)−(대분수): 진분수끼리 뺄 수 없는 경우	월 일	☐ ☐ ☐
DAY **12** 평가	월 일	☐ ☐ ☐
DAY **13** (진분수)×(자연수), (가분수)×(자연수)	월 일	☐ ☐ ☐
DAY **14** (대분수)×(자연수)	월 일	☐ ☐ ☐
DAY **15** (자연수)×(진분수), (자연수)×(가분수)	월 일	☐ ☐ ☐
DAY **16** (자연수)×(대분수)	월 일	☐ ☐ ☐
DAY **17** (진분수)×(진분수), (진분수)×(가분수)	월 일	☐ ☐ ☐
DAY **18** (대분수)×(진분수), (대분수)×(가분수)	월 일	☐ ☐ ☐
DAY **19** (대분수)×(대분수)	월 일	☐ ☐ ☐
DAY **20** 세 분수의 곱셈	월 일	☐ ☐ ☐
DAY **21** 평가	월 일	☐ ☐ ☐
DAY **22** (진분수)÷(자연수), (가분수)÷(자연수)	월 일	☐ ☐ ☐
DAY **23** (대분수)÷(자연수)	월 일	☐ ☐ ☐
DAY **24** (분수)×(자연수)÷(자연수), (분수)÷(자연수)×(자연수)	월 일	☐ ☐ ☐
DAY **25** (분수)÷(자연수)÷(자연수)	월 일	☐ ☐ ☐
DAY **26** (진분수)÷(진분수): 분모가 같은 경우	월 일	☐ ☐ ☐
DAY **27** (진분수)÷(진분수): 분모가 다른 경우	월 일	☐ ☐ ☐
DAY **28** (자연수)÷(진분수)	월 일	☐ ☐ ☐
DAY **29** (가분수)÷(진분수)	월 일	☐ ☐ ☐
DAY **30** (대분수)÷(진분수)	월 일	☐ ☐ ☐
DAY **31** (대분수)÷(대분수)	월 일	☐ ☐ ☐
DAY **32** 평가	월 일	☐ ☐ ☐

약분과 통분

크기가 같은 분수

분모와 분자에 각각 0이 아닌 같은 수를 곱하면 크기가 같은 분수가 돼요.

$$\frac{1}{2} = \frac{2}{4} = \frac{3}{6} = \frac{4}{8} = \cdots$$

분모와 분자를 각각 0이 아닌 같은 수로 나누면 크기가 같은 분수가 돼요.

$$\frac{12}{36} = \frac{6}{18} = \frac{4}{12} = \frac{3}{9} = \cdots$$

● 크기가 같은 분수가 되도록 ☐ 안에 알맞은 수를 써넣으세요.

1

$$\frac{1}{3} = \frac{2}{\boxed{}}$$

2

$$\frac{1}{4} = \frac{4}{\boxed{}}$$

3

$$\frac{2}{5} = \frac{\boxed{}}{15}$$

4

$$\frac{5}{6} = \frac{\boxed{}}{\boxed{}}$$

5

$$\frac{4}{7} = \frac{\boxed{}}{\boxed{}}$$

6

$$\frac{3}{8} = \frac{\boxed{}}{16}$$

7

$$\frac{7}{9} = \frac{35}{\boxed{}}$$

8

$$\frac{11}{13} = \frac{\boxed{}}{26}$$

1

9

$$\frac{4}{8} \overset{\div 4}{\underset{\div 4}{=}} \frac{\square}{2}$$

10

$$\frac{6}{10} \overset{\div 2}{\underset{\div 2}{=}} \frac{3}{\square}$$

11

$$\frac{9}{12} \overset{\div \square}{\underset{\div 3}{=}} \frac{3}{\square}$$

12

$$\frac{5}{15} \overset{\div 5}{\underset{\div \square}{=}} \frac{\square}{3}$$

13

$$\frac{16}{20} \overset{\div \square}{\underset{\div \square}{=}} \frac{8}{\square}$$

14

$$\frac{12}{24} \overset{\div 6}{\underset{\div 6}{=}} \frac{\square}{\square}$$

15

$$\frac{9}{27} \overset{\div 3}{\underset{\div 3}{=}} \frac{\square}{\square}$$

16

$$\frac{20}{30} \overset{\div \square}{\underset{\div 5}{=}} \frac{\square}{6}$$

17

$$\frac{8}{32} \overset{\div 4}{\underset{\div \square}{=}} \frac{2}{\square}$$

18

$$\frac{14}{35} \overset{\div \square}{\underset{\div \square}{=}} \frac{\square}{5}$$

● 분모와 분자에 각각 0이 아닌 같은 수를 곱하여 크기가 같은 분수를 분모가 작은 것부터 차례로 2개 써 보세요.

19 $\frac{2}{3}$ → (   )

20 $\frac{3}{4}$ → (   )

21 $\frac{5}{7}$ → (   )

22 $\frac{7}{8}$ → (   )

23 $\frac{3}{10}$ → (   )

24 $\frac{7}{12}$ → (   )

25 $\frac{4}{15}$ → (   )

26 $\frac{3}{17}$ → (   )

27 $\frac{9}{20}$ → (   )

28 $\frac{6}{23}$ → (   )

29 $\frac{11}{25}$ → (   )

30 $\frac{9}{28}$ → (   )

1

● 분모와 분자를 각각 0이 아닌 같은 수로 나누어 크기가 같은 분수를 분모가 큰 것부터 차례로 2개 써 보세요.

31 $\frac{8}{12}$ → (   )

37 $\frac{27}{45}$ → (   )

32 $\frac{4}{16}$ → (   )

38 $\frac{36}{54}$ → (   )

33 $\frac{18}{24}$ → (   )

39 $\frac{50}{60}$ → (   )

34 $\frac{20}{28}$ → (   )

40 $\frac{42}{72}$ → (   )

35 $\frac{6}{30}$ → (   )

41 $\frac{64}{88}$ → (   )

36 $\frac{16}{36}$ → (   )

42 $\frac{45}{90}$ → (   )

DAY 02 약분

이렇게 계산해요

- $\frac{8}{12}$ 을 약분하기

  → 분모와 분자를 공약수로 나누어 간단히 나타내는 것

  $$\frac{8}{12} = \frac{8 \div 2}{12 \div 2} = \frac{4}{6} \rightarrow \frac{\overset{4}{\cancel{8}}}{\underset{6}{\cancel{12}}} = \frac{4}{6}$$

  → 12와 8의 공약수 2로 나누기

  $$\frac{8}{12} = \frac{8 \div 4}{12 \div 4} = \frac{2}{3} \rightarrow \frac{\overset{2}{\cancel{8}}}{\underset{3}{\cancel{12}}} = \frac{2}{3}$$

  → 12와 8의 공약수 4로 나누기

- $\frac{8}{12}$ 을 기약분수로 나타내기

  → 분모와 분자의 공약수가 1뿐인 분수

  $$\frac{8}{12} = \frac{8 \div 4}{12 \div 4} = \frac{2}{3} \rightarrow \frac{\overset{2}{\cancel{8}}}{\underset{3}{\cancel{12}}} = \frac{2}{3}$$

  → 12와 8의 최대공약수 4로 나누기

● 분수를 약분하려고 합니다. ☐ 안에 알맞은 수를 써넣으세요.

1 $\dfrac{2}{4} = \dfrac{2 \div 2}{4 \div \square} = \dfrac{\square}{\square}$

2 $\dfrac{4}{6} = \dfrac{4 \div \square}{6 \div 2} = \dfrac{\square}{\square}$

3 $\dfrac{3}{9} = \dfrac{3 \div 3}{9 \div \square} = \dfrac{\square}{\square}$

4 $\dfrac{8}{10} = \dfrac{8 \div \square}{10 \div 2} = \dfrac{\square}{\square}$

5 $\dfrac{10}{14} = \dfrac{10 \div 2}{14 \div \square} = \dfrac{\square}{\square}$

6 $\dfrac{12}{16} = \dfrac{12 \div \square}{16 \div 4} = \dfrac{\square}{\square}$

7 $\dfrac{15}{18} = \dfrac{15 \div 3}{18 \div \square} = \dfrac{\square}{\square}$

8 $\dfrac{14}{21} = \dfrac{14 \div \square}{21 \div 7} = \dfrac{\square}{\square}$

● 분수를 기약분수로 나타내려고 합니다. ☐ 안에 알맞은 수를 써넣으세요.

9 $\dfrac{6}{9} = \dfrac{6 \div \square}{9 \div \square} = \dfrac{\square}{\square}$

14 $\dfrac{24}{27} = \dfrac{24 \div \square}{27 \div \square} = \dfrac{\square}{\square}$

10 $\dfrac{6}{10} = \dfrac{6 \div \square}{10 \div \square} = \dfrac{\square}{\square}$

15 $\dfrac{18}{30} = \dfrac{18 \div \square}{30 \div \square} = \dfrac{\square}{\square}$

11 $\dfrac{8}{14} = \dfrac{8 \div \square}{14 \div \square} = \dfrac{\square}{\square}$

16 $\dfrac{24}{32} = \dfrac{24 \div \square}{32 \div \square} = \dfrac{\square}{\square}$

12 $\dfrac{12}{15} = \dfrac{12 \div \square}{15 \div \square} = \dfrac{\square}{\square}$

17 $\dfrac{20}{36} = \dfrac{20 \div \square}{36 \div \square} = \dfrac{\square}{\square}$

13 $\dfrac{8}{20} = \dfrac{8 \div \square}{20 \div \square} = \dfrac{\square}{\square}$

18 $\dfrac{32}{40} = \dfrac{32 \div \square}{40 \div \square} = \dfrac{\square}{\square}$

19   $\dfrac{4}{8}$ → (   )

25   $\dfrac{22}{44}$ → (   )

20   $\dfrac{6}{12}$ → (   )

26   $\dfrac{36}{54}$ → (   )

21   $\dfrac{12}{20}$ → (   )

27   $\dfrac{27}{63}$ → (   )

22   $\dfrac{9}{27}$ → (   )

28   $\dfrac{54}{72}$ → (   )

23   $\dfrac{20}{30}$ → (   )

29   $\dfrac{60}{80}$ → (   )

24   $\dfrac{27}{36}$ → (   )

30   $\dfrac{45}{99}$ → (   )

1

● 기약분수로 나타내어 보세요.

31 $\frac{6}{8}$ → (   )

32 $\frac{5}{15}$ → (   )

33 $\frac{11}{22}$ → (   )

34 $\frac{16}{28}$ → (   )

35 $\frac{17}{34}$ → (   )

36 $\frac{20}{44}$ → (   )

37 $\frac{18}{45}$ → (   )

38 $\frac{35}{50}$ → (   )

39 $\frac{40}{64}$ → (   )

40 $\frac{50}{72}$ → (   )

41 $\frac{28}{84}$ → (   )

42 $\frac{65}{91}$ → (   )

DAY 03 통분

이렇게 계산해요

$\dfrac{3}{4}$과 $\dfrac{5}{6}$를 통분하기

↳ 분수의 분모를 같게 만드는 것

방법 1 $\left(\dfrac{3}{4}, \dfrac{5}{6}\right) \rightarrow \left(\dfrac{3\times6}{4\times6}, \dfrac{5\times4}{6\times4}\right) \rightarrow \left(\dfrac{18}{24}, \dfrac{20}{24}\right)$

↳ 두 분모의 곱 4×6=24로 통분하기

방법 2 $\left(\dfrac{3}{4}, \dfrac{5}{6}\right) \rightarrow \left(\dfrac{3\times3}{4\times3}, \dfrac{5\times2}{6\times2}\right) \rightarrow \left(\dfrac{9}{12}, \dfrac{10}{12}\right)$

↳ 두 분모의 최소공배수 12로 통분하기

● 두 분모의 곱을 공통분모로 하여 통분하려고 합니다. ☐ 안에 알맞은 수를 써넣으세요.

1 $\left(\dfrac{1}{2}, \dfrac{2}{3}\right) \rightarrow \left(\dfrac{1\times3}{2\times3}, \dfrac{2\times2}{3\times2}\right)$

$\rightarrow \left(\dfrac{\Box}{\Box}, \dfrac{\Box}{\Box}\right)$

4 $\left(\dfrac{5}{8}, \dfrac{5}{6}\right) \rightarrow \left(\dfrac{5\times6}{8\times6}, \dfrac{5\times8}{6\times8}\right)$

$\rightarrow \left(\dfrac{\Box}{\Box}, \dfrac{\Box}{\Box}\right)$

2 $\left(\dfrac{3}{5}, \dfrac{4}{7}\right) \rightarrow \left(\dfrac{3\times7}{5\times7}, \dfrac{4\times5}{7\times5}\right)$

$\rightarrow \left(\dfrac{\Box}{\Box}, \dfrac{\Box}{\Box}\right)$

5 $\left(\dfrac{8}{9}, \dfrac{1}{4}\right) \rightarrow \left(\dfrac{8\times4}{9\times4}, \dfrac{1\times9}{4\times9}\right)$

$\rightarrow \left(\dfrac{\Box}{\Box}, \dfrac{\Box}{\Box}\right)$

3 $\left(\dfrac{1}{6}, \dfrac{7}{9}\right) \rightarrow \left(\dfrac{1\times9}{6\times9}, \dfrac{7\times6}{9\times6}\right)$

$\rightarrow \left(\dfrac{\Box}{\Box}, \dfrac{\Box}{\Box}\right)$

6 $\left(\dfrac{7}{10}, \dfrac{4}{5}\right) \rightarrow \left(\dfrac{7\times5}{10\times5}, \dfrac{4\times10}{5\times10}\right)$

$\rightarrow \left(\dfrac{\Box}{\Box}, \dfrac{\Box}{\Box}\right)$

1

● 두 분모의 최소공배수를 공통분모로 하여 통분하려고 합니다. ☐ 안에 알맞은 수를 써넣으세요.

7 $\left(\dfrac{3}{4}, \dfrac{1}{6}\right) \rightarrow \left(\dfrac{3\times3}{4\times3}, \dfrac{1\times2}{6\times2}\right)$

$$\rightarrow \left(\dfrac{\boxed{}}{\boxed{}}, \dfrac{\boxed{}}{\boxed{}}\right)$$

8 $\left(\dfrac{7}{8}, \dfrac{1}{12}\right) \rightarrow \left(\dfrac{7\times3}{8\times3}, \dfrac{1\times2}{12\times2}\right)$

$$\rightarrow \left(\dfrac{\boxed{}}{\boxed{}}, \dfrac{\boxed{}}{\boxed{}}\right)$$

9 $\left(\dfrac{4}{9}, \dfrac{7}{12}\right) \rightarrow \left(\dfrac{4\times4}{9\times4}, \dfrac{7\times3}{12\times3}\right)$

$$\rightarrow \left(\dfrac{\boxed{}}{\boxed{}}, \dfrac{\boxed{}}{\boxed{}}\right)$$

10 $\left(\dfrac{9}{14}, \dfrac{5}{21}\right) \rightarrow \left(\dfrac{9\times3}{14\times3}, \dfrac{5\times2}{21\times2}\right)$

$$\rightarrow \left(\dfrac{\boxed{}}{\boxed{}}, \dfrac{\boxed{}}{\boxed{}}\right)$$

11 $\left(\dfrac{4}{15}, \dfrac{4}{9}\right) \rightarrow \left(\dfrac{4\times3}{15\times3}, \dfrac{4\times5}{9\times5}\right)$

$$\rightarrow \left(\dfrac{\boxed{}}{\boxed{}}, \dfrac{\boxed{}}{\boxed{}}\right)$$

12 $\left(\dfrac{15}{16}, \dfrac{7}{12}\right) \rightarrow \left(\dfrac{15\times3}{16\times3}, \dfrac{7\times4}{12\times4}\right)$

$$\rightarrow \left(\dfrac{\boxed{}}{\boxed{}}, \dfrac{\boxed{}}{\boxed{}}\right)$$

13 $\left(\dfrac{9}{20}, \dfrac{11}{15}\right) \rightarrow \left(\dfrac{9\times3}{20\times3}, \dfrac{11\times4}{15\times4}\right)$

$$\rightarrow \left(\dfrac{\boxed{}}{\boxed{}}, \dfrac{\boxed{}}{\boxed{}}\right)$$

14 $\left(\dfrac{14}{25}, \dfrac{9}{10}\right) \rightarrow \left(\dfrac{14\times2}{25\times2}, \dfrac{9\times5}{10\times5}\right)$

$$\rightarrow \left(\dfrac{\boxed{}}{\boxed{}}, \dfrac{\boxed{}}{\boxed{}}\right)$$

15 $\left(\dfrac{1}{2}, \dfrac{4}{5}\right)$ → (,   )

21 $\left(\dfrac{5}{12}, \dfrac{1}{4}\right)$ → (,   )

16 $\left(\dfrac{2}{3}, \dfrac{1}{7}\right)$ → (,   )

22 $\left(\dfrac{9}{14}, \dfrac{3}{5}\right)$ → (,   )

17 $\left(\dfrac{4}{5}, \dfrac{5}{9}\right)$ → (,   )

23 $\left(\dfrac{7}{16}, \dfrac{5}{8}\right)$ → (,   )

18 $\left(\dfrac{5}{7}, \dfrac{5}{6}\right)$ → (,   )

24 $\left(\dfrac{7}{18}, \dfrac{1}{4}\right)$ → (,   )

19 $\left(\dfrac{5}{9}, \dfrac{1}{10}\right)$ → (,   )

25 $\left(\dfrac{8}{21}, \dfrac{2}{3}\right)$ → (,   )

20 $\left(\dfrac{2}{11}, \dfrac{1}{3}\right)$ → (,   )

26 $\left(\dfrac{11}{24}, \dfrac{1}{2}\right)$ → (,   )

1

● 두 분모의 최소공배수를 공통분모로 하여 통분해 보세요.

27 $\left(\dfrac{1}{3}, \dfrac{8}{9}\right) \rightarrow ($, $)$

28 $\left(\dfrac{1}{4}, \dfrac{3}{8}\right) \rightarrow ($, $)$

29 $\left(\dfrac{5}{6}, \dfrac{7}{8}\right) \rightarrow ($, $)$

30 $\left(\dfrac{4}{7}, \dfrac{10}{21}\right) \rightarrow ($, $)$

31 $\left(\dfrac{7}{8}, \dfrac{9}{10}\right) \rightarrow ($, $)$

32 $\left(\dfrac{1}{10}, \dfrac{8}{15}\right) \rightarrow ($, $)$

33 $\left(\dfrac{4}{13}, \dfrac{1}{4}\right) \rightarrow ($, $)$

34 $\left(\dfrac{8}{15}, \dfrac{2}{9}\right) \rightarrow ($, $)$

35 $\left(\dfrac{7}{16}, \dfrac{1}{2}\right) \rightarrow ($, $)$

36 $\left(\dfrac{9}{22}, \dfrac{7}{11}\right) \rightarrow ($, $)$

37 $\left(\dfrac{5}{24}, \dfrac{5}{18}\right) \rightarrow ($, $)$

38 $\left(\dfrac{8}{25}, \dfrac{13}{20}\right) \rightarrow ($, $)$

이렇게 계산해요

• $\dfrac{2}{3}$와 $\dfrac{3}{4}$의 크기 비교

$$\left(\dfrac{2}{3}, \dfrac{3}{4}\right) \rightarrow \overset{\overset{8<9}{\frown}}{\left(\dfrac{8}{12}, \dfrac{9}{12}\right)} \rightarrow \dfrac{2}{3} \enspace \langle \enspace \dfrac{3}{4}$$

↳ 통분하기

• $\dfrac{1}{5}$과 0.4의 크기 비교

방법 1 $\left(\dfrac{1}{5}, 0.4\right) \rightarrow \overset{\overset{2<4}{\frown}}{(0.2, 0.4)} \rightarrow \dfrac{1}{5} \enspace \langle \enspace 0.4$

분수를 소수로 바꾸기

방법 2 $\left(\dfrac{1}{5}, 0.4\right) \rightarrow \overset{\overset{1<2}{\frown}}{\left(\dfrac{1}{5}, \dfrac{2}{5}\right)} \rightarrow \dfrac{1}{5} \enspace \langle \enspace 0.4$

소수를 분수로 바꾸기

● **두 분수의 크기를 비교해 보세요.**

1 $\left(\dfrac{1}{2}, \dfrac{2}{3}\right) \rightarrow \left(\dfrac{\boxed{}}{6}, \dfrac{\boxed{}}{6}\right)$

$\rightarrow \dfrac{1}{2} \bigcirc \dfrac{2}{3}$

2 $\left(\dfrac{1}{3}, \dfrac{2}{5}\right) \rightarrow \left(\dfrac{\boxed{}}{15}, \dfrac{\boxed{}}{15}\right)$

$\rightarrow \dfrac{1}{3} \bigcirc \dfrac{2}{5}$

3 $\left(\dfrac{3}{4}, \dfrac{7}{8}\right) \rightarrow \left(\dfrac{\boxed{}}{8}, \dfrac{\boxed{}}{8}\right)$

$\rightarrow \dfrac{3}{4} \bigcirc \dfrac{7}{8}$

4 $\left(\dfrac{5}{6}, \dfrac{4}{9}\right) \rightarrow \left(\dfrac{\boxed{}}{18}, \dfrac{\boxed{}}{18}\right)$

$\rightarrow \dfrac{5}{6} \bigcirc \dfrac{4}{9}$

5 $\left(\dfrac{2}{7}, \dfrac{2}{9}\right) \rightarrow \left(\dfrac{\boxed{}}{63}, \dfrac{\boxed{}}{63}\right)$

$\rightarrow \dfrac{2}{7} \bigcirc \dfrac{2}{9}$

6 $\left(\dfrac{5}{8}, \dfrac{5}{12}\right) \rightarrow \left(\dfrac{\boxed{}}{24}, \dfrac{\boxed{}}{24}\right)$

$\rightarrow \dfrac{5}{8} \bigcirc \dfrac{5}{12}$

● 분수와 소수의 크기를 비교해 보세요.

7 $\left(\dfrac{1}{2}, 0.6\right)$ → (□ , 0.6)

→ $\dfrac{1}{2}$ ◯ 0.6

8 $\left(\dfrac{3}{4}, 0.65\right)$ → (□ , 0.65)

→ $\dfrac{3}{4}$ ◯ 0.65

9 $\left(\dfrac{2}{5}, 0.9\right)$ → (□ , 0.9)

→ $\dfrac{2}{5}$ ◯ 0.9

10 $\left(\dfrac{7}{10}, 0.8\right)$ → (□ , 0.8)

→ $\dfrac{7}{10}$ ◯ 0.8

11 $\left(\dfrac{7}{20}, 0.33\right)$ → (□ , 0.33)

→ $\dfrac{7}{20}$ ◯ 0.33

12 $\left(0.3, \dfrac{2}{5}\right)$ → $\left(\dfrac{\square}{10}, \dfrac{2}{5}\right)$

→ $\left(\dfrac{\square}{10}, \dfrac{\square}{10}\right)$

→ 0.3 ◯ $\dfrac{2}{5}$

13 $\left(0.7, \dfrac{9}{10}\right)$ → $\left(\dfrac{\square}{10}, \dfrac{9}{10}\right)$

→ 0.7 ◯ $\dfrac{9}{10}$

14 $\left(0.47, \dfrac{9}{20}\right)$ → $\left(\dfrac{\square}{100}, \dfrac{9}{20}\right)$

→ $\left(\dfrac{\square}{100}, \dfrac{\square}{100}\right)$

→ 0.47 ◯ $\dfrac{9}{20}$

15 $\left(0.85, \dfrac{22}{25}\right)$ → $\left(\dfrac{\square}{100}, \dfrac{22}{25}\right)$

→ $\left(\dfrac{\square}{100}, \dfrac{\square}{100}\right)$

→ 0.85 ◯ $\dfrac{22}{25}$

16 $\dfrac{2}{3}$ ◯ $\dfrac{4}{5}$

22 $\dfrac{11}{21}$ ◯ $\dfrac{7}{18}$

17 $\dfrac{5}{6}$ ◯ $\dfrac{7}{10}$

23 $\dfrac{15}{28}$ ◯ $\dfrac{4}{7}$

18 $\dfrac{5}{9}$ ◯ $\dfrac{7}{18}$

24 $\dfrac{19}{32}$ ◯ $\dfrac{7}{24}$

19 $\dfrac{7}{10}$ ◯ $\dfrac{3}{4}$

25 $\dfrac{23}{36}$ ◯ $\dfrac{13}{18}$

20 $\dfrac{5}{12}$ ◯ $\dfrac{3}{8}$

26 $\dfrac{16}{45}$ ◯ $\dfrac{8}{15}$

21 $\dfrac{11}{15}$ ◯ $\dfrac{9}{10}$

27 $\dfrac{13}{50}$ ◯ $\dfrac{3}{10}$

1

● 분수와 소수의 크기를 비교하여 ◯ 안에 〉, =, 〈를 알맞게 써넣으세요.

28 $\frac{1}{2}$ ◯ 0.9

29 $\frac{1}{4}$ ◯ 0.15

30 $\frac{3}{5}$ ◯ 0.5

31 $\frac{17}{20}$ ◯ 0.89

32 $\frac{14}{25}$ ◯ 0.57

33 $\frac{19}{50}$ ◯ 0.4

34 0.15 ◯ $\frac{1}{8}$

35 0.3 ◯ $\frac{7}{10}$

36 0.42 ◯ $\frac{27}{50}$

37 0.64 ◯ $\frac{3}{4}$

38 0.73 ◯ $\frac{4}{5}$

39 0.97 ◯ $\frac{19}{20}$

●크기가 같은 분수를 2개씩 써 보세요.

1 $\dfrac{3}{5}$ → (   )

2 $\dfrac{5}{12}$ → (   )

3 $\dfrac{11}{15}$ → (   )

4 $\dfrac{18}{27}$ → (   )

5 $\dfrac{18}{36}$ → (   )

6 $\dfrac{20}{50}$ → (   )

●기약분수로 나타내어 보세요.

7 $\dfrac{10}{15}$ → (   )

8 $\dfrac{15}{24}$ → (   )

9 $\dfrac{18}{32}$ → (   )

10 $\dfrac{24}{40}$ → (   )

11 $\dfrac{30}{54}$ → (   )

12 $\dfrac{57}{76}$ → (   )

●두 분수를 통분해 보세요.

13 $\left(\dfrac{1}{2}, \dfrac{3}{7}\right) \rightarrow ($, $)$

14 $\left(\dfrac{3}{10}, \dfrac{4}{5}\right) \rightarrow ($, $)$

15 $\left(\dfrac{7}{12}, \dfrac{5}{9}\right) \rightarrow ($, $)$

16 $\left(\dfrac{9}{14}, \dfrac{3}{4}\right) \rightarrow ($, $)$

17 $\left(\dfrac{7}{16}, \dfrac{11}{20}\right) \rightarrow ($, $)$

18 $\left(\dfrac{13}{25}, \dfrac{1}{10}\right) \rightarrow ($, $)$

●두 수의 크기를 비교하여 ◯ 안에 >, =, <를 알맞게 써 넣으세요.

19 $\dfrac{3}{5} \bigcirc \dfrac{3}{4}$

20 $\dfrac{7}{12} \bigcirc \dfrac{5}{8}$

21 $\dfrac{11}{24} \bigcirc \dfrac{7}{18}$

22 $\dfrac{13}{25} \bigcirc 0.51$

23 $0.25 \bigcirc \dfrac{1}{4}$

24 $0.39 \bigcirc \dfrac{21}{50}$

>> 다른 그림 8곳을 찾아보세요.

분모가 다른 분수의 덧셈과 뺄셈

(진분수)+(진분수)

: 합이 1보다 작은 경우

이렇게 계산해요

$\dfrac{1}{6}+\dfrac{3}{4}$의 계산

기약분수로 나타내기

방법 1 $\dfrac{1}{6}+\dfrac{3}{4}=\dfrac{1\times4}{6\times4}+\dfrac{3\times6}{4\times6}=\dfrac{4}{24}+\dfrac{18}{24}=\dfrac{22}{24}=\dfrac{11}{12}$

↳ 두 분모의 곱을 이용하여 통분하기

방법 2 $\dfrac{1}{6}+\dfrac{3}{4}=\dfrac{1\times2}{6\times2}+\dfrac{3\times3}{4\times3}=\dfrac{2}{12}+\dfrac{9}{12}=\dfrac{11}{12}$

↳ 두 분모의 최소공배수를 이용하여 통분하기

● ☐ 안에 알맞은 수를 써넣으세요.

1 $\dfrac{1}{3}+\dfrac{1}{2}=\dfrac{\boxed{}}{6}+\dfrac{\boxed{}}{6}=\dfrac{\boxed{}}{6}$

2 $\dfrac{2}{5}+\dfrac{3}{10}=\dfrac{\boxed{}}{50}+\dfrac{\boxed{}}{50}$

$=\dfrac{\boxed{}}{50}=\dfrac{\boxed{}}{10}$

3 $\dfrac{2}{7}+\dfrac{3}{8}=\dfrac{\boxed{}}{56}+\dfrac{\boxed{}}{56}$

$=\dfrac{\boxed{}}{56}$

4 $\dfrac{1}{8}+\dfrac{1}{3}=\dfrac{\boxed{}}{24}+\dfrac{\boxed{}}{24}=\dfrac{\boxed{}}{24}$

5 $\dfrac{7}{10}+\dfrac{2}{15}=\dfrac{\boxed{}}{150}+\dfrac{\boxed{}}{150}$

$=\dfrac{\boxed{}}{150}=\dfrac{\boxed{}}{6}$

6 $\dfrac{7}{12}+\dfrac{1}{5}=\dfrac{\boxed{}}{60}+\dfrac{\boxed{}}{60}$

$=\dfrac{\boxed{}}{60}$

2

7 $\dfrac{7}{16} + \dfrac{1}{6} = \dfrac{\boxed{}}{48} + \dfrac{\boxed{}}{48}$

$= \dfrac{\boxed{}}{48}$

11 $\dfrac{4}{25} + \dfrac{3}{10} = \dfrac{\boxed{}}{50} + \dfrac{\boxed{}}{50}$

$= \dfrac{\boxed{}}{50}$

8 $\dfrac{11}{18} + \dfrac{1}{12} = \dfrac{\boxed{}}{36} + \dfrac{\boxed{}}{36}$

$= \dfrac{\boxed{}}{36}$

12 $\dfrac{11}{30} + \dfrac{11}{20} = \dfrac{\boxed{}}{60} + \dfrac{\boxed{}}{60}$

$= \dfrac{\boxed{}}{60} = \dfrac{\boxed{}}{12}$

9 $\dfrac{8}{21} + \dfrac{2}{7} = \dfrac{\boxed{}}{21} + \dfrac{\boxed{}}{21}$

$= \dfrac{\boxed{}}{21} = \dfrac{\boxed{}}{3}$

13 $\dfrac{5}{33} + \dfrac{7}{22} = \dfrac{\boxed{}}{66} + \dfrac{\boxed{}}{66}$

$= \dfrac{\boxed{}}{66}$

10 $\dfrac{7}{24} + \dfrac{1}{8} = \dfrac{\boxed{}}{24} + \dfrac{\boxed{}}{24}$

$= \dfrac{\boxed{}}{24} = \dfrac{\boxed{}}{12}$

14 $\dfrac{13}{36} + \dfrac{7}{24} = \dfrac{\boxed{}}{72} + \dfrac{\boxed{}}{72}$

$= \dfrac{\boxed{}}{72}$

15   $\dfrac{1}{3} + \dfrac{1}{6} =$

16   $\dfrac{3}{4} + \dfrac{1}{8} =$

17   $\dfrac{1}{5} + \dfrac{1}{2} =$

18   $\dfrac{1}{6} + \dfrac{5}{12} =$

19   $\dfrac{4}{7} + \dfrac{2}{5} =$

20   $\dfrac{3}{8} + \dfrac{1}{10} =$

21   $\dfrac{6}{11} + \dfrac{5}{22} =$

22   $\dfrac{7}{12} + \dfrac{1}{20} =$

23   $\dfrac{5}{14} + \dfrac{2}{21} =$

24   $\dfrac{4}{15} + \dfrac{2}{3} =$

25   $\dfrac{7}{16} + \dfrac{3}{20} =$

26   $\dfrac{5}{18} + \dfrac{1}{4} =$

2

27 $\dfrac{3}{20} + \dfrac{5}{6} =$

33 $\dfrac{5}{28} + \dfrac{3}{4} =$

28 $\dfrac{4}{21} + \dfrac{3}{14} =$

34 $\dfrac{15}{32} + \dfrac{5}{12} =$

29 $\dfrac{7}{22} + \dfrac{3}{8} =$

35 $\dfrac{7}{33} + \dfrac{2}{11} =$

30 $\dfrac{11}{24} + \dfrac{3}{8} =$

36 $\dfrac{12}{35} + \dfrac{2}{5} =$

31 $\dfrac{6}{25} + \dfrac{7}{20} =$

37 $\dfrac{11}{36} + \dfrac{7}{20} =$

32 $\dfrac{10}{27} + \dfrac{5}{18}$

38 $\dfrac{9}{40} + \dfrac{5}{24} =$

(진분수)+(진분수)

: 합이 1보다 큰 경우

이렇게
계산해요

$\dfrac{5}{6}+\dfrac{7}{9}$의 계산

대분수로 나타내기

방법 1 $\dfrac{5}{6}+\dfrac{7}{9}=\dfrac{5\times9}{6\times9}+\dfrac{7\times6}{9\times6}=\dfrac{45}{54}+\dfrac{42}{54}=\dfrac{87}{54}=1\dfrac{33}{54}=1\dfrac{11}{18}$

↳ 두 분모의 곱을 이용하여 통분하기

방법 2 $\dfrac{5}{6}+\dfrac{7}{9}=\dfrac{5\times3}{6\times3}+\dfrac{7\times2}{9\times2}=\dfrac{15}{18}+\dfrac{14}{18}=\dfrac{29}{18}=1\dfrac{11}{18}$

↳ 두 분모의 최소공배수를 이용하여 통분하기

◆☐ ☐ 안에 알맞은 수를 써넣으세요.

1 $\dfrac{2}{3}+\dfrac{5}{8}=\dfrac{\boxed{}}{24}+\dfrac{\boxed{}}{24}$

$=\dfrac{\boxed{}}{24}=\boxed{}\dfrac{\boxed{}}{24}$

2 $\dfrac{3}{4}+\dfrac{9}{10}=\dfrac{\boxed{}}{40}+\dfrac{\boxed{}}{40}$

$=\dfrac{\boxed{}}{40}=\boxed{}\dfrac{\boxed{}}{40}$

$=\boxed{}\dfrac{\boxed{}}{20}$

3 $\dfrac{4}{5}+\dfrac{5}{6}=\dfrac{\boxed{}}{30}+\dfrac{\boxed{}}{30}$

$=\dfrac{\boxed{}}{30}=\boxed{}\dfrac{\boxed{}}{30}$

4 $\dfrac{7}{8}+\dfrac{7}{10}=\dfrac{\boxed{}}{80}+\dfrac{\boxed{}}{80}$

$=\dfrac{\boxed{}}{80}=\boxed{}\dfrac{\boxed{}}{80}$

$=\boxed{}\dfrac{\boxed{}}{40}$

2

5 $\dfrac{11}{12}+\dfrac{1}{6}=\dfrac{\boxed{}}{12}+\dfrac{\boxed{}}{12}$

$=\dfrac{\boxed{}}{12}=\boxed{}\dfrac{\boxed{}}{12}$

9 $\dfrac{18}{25}+\dfrac{47}{50}=\dfrac{\boxed{}}{50}+\dfrac{\boxed{}}{50}$

$=\dfrac{\boxed{}}{50}=\boxed{}\dfrac{\boxed{}}{50}$

6 $\dfrac{11}{14}+\dfrac{19}{21}=\dfrac{\boxed{}}{42}+\dfrac{\boxed{}}{42}$

$=\dfrac{\boxed{}}{42}=\boxed{}\dfrac{\boxed{}}{42}$

10 $\dfrac{16}{27}+\dfrac{13}{18}=\dfrac{\boxed{}}{54}+\dfrac{\boxed{}}{54}$

$=\dfrac{\boxed{}}{54}=\boxed{}\dfrac{\boxed{}}{54}$

7 $\dfrac{15}{16}+\dfrac{17}{24}=\dfrac{\boxed{}}{48}+\dfrac{\boxed{}}{48}$

$=\dfrac{\boxed{}}{48}=\boxed{}\dfrac{\boxed{}}{48}$

11 $\dfrac{19}{30}+\dfrac{11}{15}=\dfrac{\boxed{}}{30}+\dfrac{\boxed{}}{30}$

$=\dfrac{\boxed{}}{30}=\boxed{}\dfrac{\boxed{}}{30}$

8 $\dfrac{17}{20}+\dfrac{17}{30}=\dfrac{\boxed{}}{60}+\dfrac{\boxed{}}{60}$

$=\dfrac{\boxed{}}{60}=\boxed{}\dfrac{\boxed{}}{60}$

$=\boxed{}\dfrac{\boxed{}}{12}$

12 $\dfrac{23}{35}+\dfrac{9}{14}=\dfrac{\boxed{}}{70}+\dfrac{\boxed{}}{70}$

$=\dfrac{\boxed{}}{70}=\boxed{}\dfrac{\boxed{}}{70}$

$=\boxed{}\dfrac{\boxed{}}{10}$

13 $\dfrac{1}{4} + \dfrac{5}{6} =$

14 $\dfrac{4}{5} + \dfrac{19}{20} =$

15 $\dfrac{5}{6} + \dfrac{3}{5} =$

16 $\dfrac{6}{7} + \dfrac{7}{9} =$

17 $\dfrac{5}{8} + \dfrac{13}{18} =$

18 $\dfrac{8}{9} + \dfrac{11}{12} =$

19 $\dfrac{7}{10} + \dfrac{19}{22} =$

20 $\dfrac{11}{12} + \dfrac{14}{15} =$

21 $\dfrac{10}{13} + \dfrac{4}{5} =$

22 $\dfrac{14}{15} + \dfrac{20}{21} =$

23 $\dfrac{15}{16} + \dfrac{17}{20} =$

24 $\dfrac{11}{18} + \dfrac{29}{30} =$

2

25   $\dfrac{13}{20}+\dfrac{14}{25}=$

26   $\dfrac{16}{21}+\dfrac{9}{14}=$

27   $\dfrac{15}{22}+\dfrac{10}{11}=$

28   $\dfrac{17}{24}+\dfrac{39}{40}=$

29   $\dfrac{22}{25}+\dfrac{3}{10}=$

30   $\dfrac{19}{26}+\dfrac{8}{13}=$

31   $\dfrac{15}{28}+\dfrac{19}{21}=$

32   $\dfrac{23}{30}+\dfrac{17}{20}=$

33   $\dfrac{19}{32}+\dfrac{5}{6}=$

34   $\dfrac{21}{34}+\dfrac{8}{17}=$

35   $\dfrac{23}{36}+\dfrac{17}{24}=$

36   $\dfrac{21}{40}+\dfrac{8}{15}=$

DAY 08 (대분수)+(대분수)

이렇게 계산해요

$2\frac{2}{3}+1\frac{4}{5}$의 계산

자연수끼리 더하기

방법 1 $2\frac{2}{3}+1\frac{4}{5}=2\frac{10}{15}+1\frac{12}{15}=3+\frac{22}{15}=3+1\frac{7}{15}=4\frac{7}{15}$

진분수끼리 더하기

방법 2 $2\frac{2}{3}+1\frac{4}{5}=\frac{8}{3}+\frac{9}{5}=\frac{40}{15}+\frac{27}{15}=\frac{67}{15}=4\frac{7}{15}$

↳ (가분수)+(가분수)로 바꾸기

● ☐ 안에 알맞은 수를 써넣으세요.

1 $2\frac{3}{4}+1\frac{1}{6}=2\frac{\square}{12}+1\frac{\square}{12}$

$=\square+\frac{\square}{12}$

$=\square\frac{\square}{12}$

2 $3\frac{2}{5}+2\frac{3}{10}=3\frac{\square}{10}+2\frac{\square}{10}$

$=\square+\frac{\square}{10}$

$=\square\frac{\square}{10}$

3 $4\frac{5}{8}+2\frac{3}{4}$

$=4\frac{\square}{8}+2\frac{\square}{8}=6+\frac{\square}{8}$

$=6+\square\frac{\square}{8}=\square\frac{\square}{8}$

4 $1\frac{7}{9}+3\frac{2}{3}$

$=1\frac{\square}{9}+3\frac{\square}{9}=4+\frac{\square}{9}$

$=4+\square\frac{\square}{9}=\square\frac{\square}{9}$

5 $2\frac{7}{10}+5\frac{1}{4}=\dfrac{\boxed{}}{10}+\dfrac{\boxed{}}{4}$

$\phantom{2\frac{7}{10}+5\frac{1}{4}}=\dfrac{\boxed{}}{20}+\dfrac{\boxed{}}{20}$

$\phantom{2\frac{7}{10}+5\frac{1}{4}}=\dfrac{\boxed{}}{20}$

$\phantom{2\frac{7}{10}+5\frac{1}{4}}=\boxed{}\dfrac{\boxed{}}{20}$

6 $1\frac{5}{16}+2\frac{5}{12}=\dfrac{\boxed{}}{16}+\dfrac{\boxed{}}{12}$

$\phantom{1\frac{5}{16}+2\frac{5}{12}}=\dfrac{\boxed{}}{48}+\dfrac{\boxed{}}{48}$

$\phantom{1\frac{5}{16}+2\frac{5}{12}}=\dfrac{\boxed{}}{48}$

$\phantom{1\frac{5}{16}+2\frac{5}{12}}=\boxed{}\dfrac{\boxed{}}{48}$

7 $4\frac{11}{20}+1\frac{3}{8}=\dfrac{\boxed{}}{20}+\dfrac{\boxed{}}{8}$

$\phantom{4\frac{11}{20}+1\frac{3}{8}}=\dfrac{\boxed{}}{40}+\dfrac{\boxed{}}{40}$

$\phantom{4\frac{11}{20}+1\frac{3}{8}}=\dfrac{\boxed{}}{40}$

$\phantom{4\frac{11}{20}+1\frac{3}{8}}=\boxed{}\dfrac{\boxed{}}{40}$

8 $1\frac{17}{21}+1\frac{5}{9}=\dfrac{\boxed{}}{21}+\dfrac{\boxed{}}{9}$

$\phantom{1\frac{17}{21}+1\frac{5}{9}}=\dfrac{\boxed{}}{63}+\dfrac{\boxed{}}{63}$

$\phantom{1\frac{17}{21}+1\frac{5}{9}}=\dfrac{\boxed{}}{63}$

$\phantom{1\frac{17}{21}+1\frac{5}{9}}=\boxed{}\dfrac{\boxed{}}{63}$

9 $2\frac{14}{25}+1\frac{4}{5}=\dfrac{\boxed{}}{25}+\dfrac{\boxed{}}{5}$

$\phantom{2\frac{14}{25}+1\frac{4}{5}}=\dfrac{\boxed{}}{25}+\dfrac{\boxed{}}{25}$

$\phantom{2\frac{14}{25}+1\frac{4}{5}}=\dfrac{\boxed{}}{25}$

$\phantom{2\frac{14}{25}+1\frac{4}{5}}=\boxed{}\dfrac{\boxed{}}{25}$

10 $2\frac{31}{39}+2\frac{1}{3}=\dfrac{\boxed{}}{39}+\dfrac{\boxed{}}{3}$

$\phantom{2\frac{31}{39}+2\frac{1}{3}}=\dfrac{\boxed{}}{39}+\dfrac{\boxed{}}{39}$

$\phantom{2\frac{31}{39}+2\frac{1}{3}}=\dfrac{\boxed{}}{39}$

$\phantom{2\frac{31}{39}+2\frac{1}{3}}=\boxed{}\dfrac{\boxed{}}{39}$

●계산하여 기약분수로 나타내어 보세요.

11 $2\frac{2}{3}+1\frac{1}{4}=$

12 $4\frac{1}{4}+3\frac{2}{5}=$

13 $3\frac{2}{5}+1\frac{7}{12}=$

14 $1\frac{1}{6}+3\frac{3}{8}=$

15 $5\frac{5}{8}+1\frac{1}{12}=$

16 $2\frac{3}{10}+2\frac{1}{4}=$

17 $3\frac{7}{11}+3\frac{13}{22}=$

18 $4\frac{11}{12}+2\frac{15}{16}=$

19 $1\frac{12}{13}+3\frac{28}{39}=$

20 $2\frac{8}{15}+4\frac{17}{20}=$

21 $1\frac{7}{16}+1\frac{9}{10}=$

22 $3\frac{13}{18}+2\frac{17}{30}=$

23 $1\frac{7}{20}+3\frac{5}{16}=$

24 $2\frac{5}{21}+4\frac{3}{7}=$

25 $3\frac{5}{22}+2\frac{1}{4}=$

26 $4\frac{7}{24}+1\frac{2}{9}=$

27 $2\frac{8}{25}+2\frac{3}{10}=$

28 $3\frac{3}{26}+2\frac{2}{13}=$

29 $1\frac{19}{28}+1\frac{13}{20}=$

30 $5\frac{17}{30}+2\frac{3}{4}=$

31 $3\frac{15}{32}+1\frac{7}{12}=$

32 $2\frac{18}{35}+1\frac{13}{14}=$

33 $4\frac{17}{36}+2\frac{13}{18}=$

34 $1\frac{29}{40}+3\frac{14}{15}=$

이렇게
계산해요

$\dfrac{5}{6} - \dfrac{4}{9}$의 계산

방법 1 $\dfrac{5}{6} - \dfrac{4}{9} = \dfrac{5 \times 9}{6 \times 9} - \dfrac{4 \times 6}{9 \times 6} = \dfrac{45}{54} - \dfrac{24}{54} = \dfrac{21}{54} = \dfrac{7}{18}$

↳ 두 분모의 곱을 이용하여 통분하기

방법 2 $\dfrac{5}{6} - \dfrac{4}{9} = \dfrac{5 \times 3}{6 \times 3} - \dfrac{4 \times 2}{9 \times 2} = \dfrac{15}{18} - \dfrac{8}{18} = \dfrac{7}{18}$

↳ 두 분모의 최소공배수를 이용하여 통분하기

● ☐ 안에 알맞은 수를 써넣으세요.

1 $\dfrac{2}{3} - \dfrac{2}{5} = \dfrac{\boxed{}}{15} - \dfrac{\boxed{}}{15} = \dfrac{\boxed{}}{15}$

4 $\dfrac{5}{8} - \dfrac{1}{3} = \dfrac{\boxed{}}{24} - \dfrac{\boxed{}}{24} = \dfrac{\boxed{}}{24}$

2 $\dfrac{3}{4} - \dfrac{1}{6} = \dfrac{\boxed{}}{24} - \dfrac{\boxed{}}{24}$

$= \dfrac{\boxed{}}{24} = \dfrac{\boxed{}}{12}$

5 $\dfrac{9}{10} - \dfrac{3}{4} = \dfrac{\boxed{}}{40} - \dfrac{\boxed{}}{40}$

$= \dfrac{\boxed{}}{40} = \dfrac{\boxed{}}{20}$

3 $\dfrac{4}{5} - \dfrac{7}{15} = \dfrac{\boxed{}}{75} - \dfrac{\boxed{}}{75}$

$= \dfrac{\boxed{}}{75} = \dfrac{\boxed{}}{3}$

6 $\dfrac{11}{12} - \dfrac{4}{15} = \dfrac{\boxed{}}{180} - \dfrac{\boxed{}}{180}$

$= \dfrac{\boxed{}}{180} = \dfrac{\boxed{}}{20}$

2

7 $\dfrac{7}{16} - \dfrac{3}{10} = \dfrac{\boxed{}}{80} - \dfrac{\boxed{}}{80}$

$= \dfrac{\boxed{}}{80}$

8 $\dfrac{11}{18} - \dfrac{5}{24} = \dfrac{\boxed{}}{72} - \dfrac{\boxed{}}{72}$

$= \dfrac{\boxed{}}{72}$

9 $\dfrac{19}{20} - \dfrac{5}{12} = \dfrac{\boxed{}}{60} - \dfrac{\boxed{}}{60}$

$= \dfrac{\boxed{}}{60} = \dfrac{\boxed{}}{15}$

10 $\dfrac{18}{25} - \dfrac{3}{10} = \dfrac{\boxed{}}{50} - \dfrac{\boxed{}}{50}$

$= \dfrac{\boxed{}}{50}$

11 $\dfrac{17}{28} - \dfrac{1}{3} = \dfrac{\boxed{}}{84} - \dfrac{\boxed{}}{84}$

$= \dfrac{\boxed{}}{84}$

12 $\dfrac{17}{30} - \dfrac{1}{12} = \dfrac{\boxed{}}{60} - \dfrac{\boxed{}}{60}$

$= \dfrac{\boxed{}}{60}$

13 $\dfrac{19}{32} - \dfrac{3}{8} = \dfrac{\boxed{}}{32} - \dfrac{\boxed{}}{32}$

$= \dfrac{\boxed{}}{32}$

14 $\dfrac{29}{36} - \dfrac{1}{4} = \dfrac{\boxed{}}{36} - \dfrac{\boxed{}}{36}$

$= \dfrac{\boxed{}}{36} = \dfrac{\boxed{}}{9}$

● 계산하여 기약분수로 나타내어 보세요.

15 $\dfrac{3}{4} - \dfrac{1}{5} =$

16 $\dfrac{4}{5} - \dfrac{3}{10} =$

17 $\dfrac{5}{6} - \dfrac{1}{4} =$

18 $\dfrac{6}{7} - \dfrac{2}{3} =$

19 $\dfrac{7}{9} - \dfrac{2}{15} =$

20 $\dfrac{7}{10} - \dfrac{1}{3} =$

21 $\dfrac{5}{12} - \dfrac{1}{18} =$

22 $\dfrac{13}{14} - \dfrac{3}{4} =$

23 $\dfrac{11}{15} - \dfrac{3}{10} =$

24 $\dfrac{7}{16} - \dfrac{7}{20} =$

25 $\dfrac{15}{17} - \dfrac{1}{2} =$

26 $\dfrac{13}{18} - \dfrac{5}{42} =$

2

27 $\dfrac{9}{20} - \dfrac{7}{30} =$

33 $\dfrac{19}{30} - \dfrac{4}{15} =$

28 $\dfrac{11}{21} - \dfrac{2}{7} =$

34 $\dfrac{27}{32} - \dfrac{7}{12} =$

29 $\dfrac{19}{22} - \dfrac{1}{3} =$

35 $\dfrac{20}{33} - \dfrac{5}{11} =$

30 $\dfrac{17}{24} - \dfrac{5}{16} =$

36 $\dfrac{15}{34} - \dfrac{2}{17} =$

31 $\dfrac{19}{26} - \dfrac{20}{39} =$

37 $\dfrac{17}{36} - \dfrac{11}{24} =$

32 $\dfrac{14}{27} - \dfrac{7}{18} =$

38 $\dfrac{23}{40} - \dfrac{7}{16} =$

(대분수)−(대분수)

: 진분수끼리 뺄 수 있는 경우

이렇게
계산해요

$3\frac{3}{4}-1\frac{2}{5}$의 계산

자연수끼리 빼기

방법 **1** $3\frac{3}{4}-1\frac{2}{5}=3\frac{15}{20}-1\frac{8}{20}=2+\frac{7}{20}=2\frac{7}{20}$

진분수끼리 빼기

방법 **2** $3\frac{3}{4}-1\frac{2}{5}=\frac{15}{4}-\frac{7}{5}=\frac{75}{20}-\frac{28}{20}=\frac{47}{20}=2\frac{7}{20}$

↳ (가분수)−(가분수)로 바꾸기

● ☐ 안에 알맞은 수를 써넣으세요.

1 $2\frac{2}{3}-1\frac{1}{2}=2\frac{\Box}{6}-1\frac{\Box}{6}$

$=\Box+\frac{\Box}{6}$

$=\Box\frac{\Box}{6}$

3 $5\frac{3}{8}-1\frac{2}{7}=5\frac{\Box}{56}-1\frac{\Box}{56}$

$=\Box+\frac{\Box}{56}$

$=\Box\frac{\Box}{56}$

2 $4\frac{3}{5}-1\frac{1}{6}=4\frac{\Box}{30}-1\frac{\Box}{30}$

$=\Box+\frac{\Box}{30}$

$=\Box\frac{\Box}{30}$

4 $3\frac{5}{9}-2\frac{1}{4}=3\frac{\Box}{36}-2\frac{\Box}{36}$

$=\Box+\frac{\Box}{36}$

$=\Box\frac{\Box}{36}$

5 $5\dfrac{6}{11} - 2\dfrac{1}{3} = \dfrac{\boxed{}}{11} - \dfrac{\boxed{}}{3}$

$\qquad\qquad = \dfrac{\boxed{}}{33} - \dfrac{\boxed{}}{33}$

$\qquad\qquad = \dfrac{\boxed{}}{33}$

$\qquad\qquad = \boxed{}\dfrac{\boxed{}}{33}$

8 $6\dfrac{13}{25} - 1\dfrac{1}{10} = \dfrac{\boxed{}}{25} - \dfrac{\boxed{}}{10}$

$\qquad\qquad = \dfrac{\boxed{}}{50} - \dfrac{\boxed{}}{50}$

$\qquad\qquad = \dfrac{\boxed{}}{50}$

$\qquad\qquad = \boxed{}\dfrac{\boxed{}}{50}$

6 $3\dfrac{8}{15} - 1\dfrac{3}{10} = \dfrac{\boxed{}}{15} - \dfrac{\boxed{}}{10}$

$\qquad\qquad = \dfrac{\boxed{}}{30} - \dfrac{\boxed{}}{30}$

$\qquad\qquad = \dfrac{\boxed{}}{30} = \boxed{}\dfrac{\boxed{}}{30}$

9 $3\dfrac{7}{32} - 1\dfrac{3}{16} = \dfrac{\boxed{}}{32} - \dfrac{\boxed{}}{16}$

$\qquad\qquad = \dfrac{\boxed{}}{32} - \dfrac{\boxed{}}{32}$

$\qquad\qquad = \dfrac{\boxed{}}{32} = \boxed{}\dfrac{\boxed{}}{32}$

7 $2\dfrac{7}{16} - 1\dfrac{1}{4} = \dfrac{\boxed{}}{16} - \dfrac{\boxed{}}{4}$

$\qquad\qquad = \dfrac{\boxed{}}{16} - \dfrac{\boxed{}}{16}$

$\qquad\qquad = \dfrac{\boxed{}}{16} = \boxed{}\dfrac{\boxed{}}{16}$

10 $3\dfrac{12}{35} - 1\dfrac{2}{7} = \dfrac{\boxed{}}{35} - \dfrac{\boxed{}}{7}$

$\qquad\qquad = \dfrac{\boxed{}}{35} - \dfrac{\boxed{}}{35}$

$\qquad\qquad = \dfrac{\boxed{}}{35} = \boxed{}\dfrac{\boxed{}}{35}$

11 $3\frac{3}{4} - 1\frac{2}{3} =$

17 $4\frac{11}{12} - 1\frac{7}{16} =$

12 $4\frac{5}{6} - 2\frac{7}{20} =$

18 $3\frac{10}{13} - 2\frac{1}{3} =$

13 $7\frac{5}{7} - 3\frac{1}{2} =$

19 $2\frac{9}{14} - 1\frac{5}{21} =$

14 $5\frac{7}{8} - 1\frac{3}{10} =$

20 $7\frac{8}{15} - 4\frac{3}{10} =$

15 $6\frac{8}{9} - 3\frac{1}{5} =$

21 $4\frac{15}{16} - 3\frac{7}{24} =$

16 $5\frac{7}{10} - 3\frac{1}{4} =$

22 $5\frac{10}{19} - 1\frac{1}{2} =$

2

23 $3\dfrac{10}{21} - 1\dfrac{5}{42} =$

24 $6\dfrac{7}{22} - 1\dfrac{1}{4} =$

25 $5\dfrac{17}{24} - 1\dfrac{7}{16} =$

26 $7\dfrac{8}{25} - 4\dfrac{3}{20} =$

27 $4\dfrac{11}{27} - 2\dfrac{5}{18} =$

28 $8\dfrac{17}{28} - 2\dfrac{5}{12} =$

29 $5\dfrac{19}{30} - 3\dfrac{7}{12} =$

30 $3\dfrac{13}{32} - 2\dfrac{3}{8} =$

31 $4\dfrac{15}{34} - 1\dfrac{4}{17} =$

32 $7\dfrac{25}{36} - 3\dfrac{7}{20} =$

33 $6\dfrac{21}{38} - 1\dfrac{1}{2} =$

34 $5\dfrac{19}{40} - 2\dfrac{4}{15} =$

(대분수)−(대분수)

: 진분수끼리 뺄 수 없는 경우

이렇게
계산해요

$4\frac{1}{3}-1\frac{4}{7}$의 계산

방법 1 $4\frac{1}{3}-1\frac{4}{7}=4\frac{7}{21}-1\frac{12}{21}=3\frac{28}{21}-1\frac{12}{21}=2\frac{16}{21}$

자연수에서 1만큼을 가분수로 나타내기

방법 2 $4\frac{1}{3}-1\frac{4}{7}=\frac{13}{3}-\frac{11}{7}=\frac{91}{21}-\frac{33}{21}=\frac{58}{21}=2\frac{16}{21}$

(가분수)−(가분수)로 바꾸기

● ☐ 안에 알맞은 수를 써넣으세요.

1 $3\frac{1}{4}-1\frac{3}{5}=3\frac{\boxed{}}{20}-1\frac{\boxed{}}{20}$

$=2\frac{\boxed{}}{20}-1\frac{\boxed{}}{20}$

$=\boxed{}\frac{\boxed{}}{20}$

2 $5\frac{1}{6}-2\frac{5}{9}=5\frac{\boxed{}}{18}-2\frac{\boxed{}}{18}$

$=4\frac{\boxed{}}{18}-2\frac{\boxed{}}{18}$

$=\boxed{}\frac{\boxed{}}{18}$

3 $4\frac{3}{7}-2\frac{5}{8}=4\frac{\boxed{}}{56}-2\frac{\boxed{}}{56}$

$=3\frac{\boxed{}}{56}-2\frac{\boxed{}}{56}$

$=\boxed{}\frac{\boxed{}}{56}$

4 $5\frac{2}{9}-1\frac{2}{3}=5\frac{\boxed{}}{9}-1\frac{\boxed{}}{9}$

$=4\frac{\boxed{}}{9}-1\frac{\boxed{}}{9}$

$=\boxed{}\frac{\boxed{}}{9}$

5 $3\dfrac{7}{10} - 1\dfrac{4}{5} = \dfrac{\boxed{}}{10} - \dfrac{\boxed{}}{5}$

$= \dfrac{\boxed{}}{10} - \dfrac{\boxed{}}{10}$

$= \dfrac{\boxed{}}{10} = \boxed{}\dfrac{\boxed{}}{10}$

6 $2\dfrac{5}{12} - 1\dfrac{8}{9} = \dfrac{\boxed{}}{12} - \dfrac{\boxed{}}{9}$

$= \dfrac{\boxed{}}{36} - \dfrac{\boxed{}}{36}$

$= \dfrac{\boxed{}}{36}$

7 $5\dfrac{7}{18} - 2\dfrac{3}{4} = \dfrac{\boxed{}}{18} - \dfrac{\boxed{}}{4}$

$= \dfrac{\boxed{}}{36} - \dfrac{\boxed{}}{36}$

$= \dfrac{\boxed{}}{36}$

$= \boxed{}\dfrac{\boxed{}}{36}$

8 $4\dfrac{3}{22} - 2\dfrac{1}{4} = \dfrac{\boxed{}}{22} - \dfrac{\boxed{}}{4}$

$= \dfrac{\boxed{}}{44} - \dfrac{\boxed{}}{44}$

$= \dfrac{\boxed{}}{44}$

$= \boxed{}\dfrac{\boxed{}}{44}$

9 $5\dfrac{5}{27} - 1\dfrac{2}{3} = \dfrac{\boxed{}}{27} - \dfrac{\boxed{}}{3}$

$= \dfrac{\boxed{}}{27} - \dfrac{\boxed{}}{27}$

$= \dfrac{\boxed{}}{27} = \boxed{}\dfrac{\boxed{}}{27}$

10 $2\dfrac{11}{36} - 1\dfrac{17}{18} = \dfrac{\boxed{}}{36} - \dfrac{\boxed{}}{18}$

$= \dfrac{\boxed{}}{36} - \dfrac{\boxed{}}{36}$

$= \dfrac{\boxed{}}{36}$

11 $5\dfrac{2}{3} - 1\dfrac{8}{9} =$

17 $8\dfrac{6}{11} - 4\dfrac{29}{33} =$

12 $4\dfrac{1}{4} - 1\dfrac{9}{10} =$

18 $5\dfrac{7}{13} - 1\dfrac{25}{39} =$

13 $7\dfrac{2}{5} - 1\dfrac{2}{3} =$

19 $7\dfrac{9}{14} - 2\dfrac{4}{5} =$

14 $6\dfrac{1}{6} - 3\dfrac{5}{8} =$

20 $3\dfrac{2}{15} - 1\dfrac{7}{12} =$

15 $2\dfrac{3}{8} - 1\dfrac{17}{20} =$

21 $7\dfrac{5}{16} - 2\dfrac{19}{24} =$

16 $4\dfrac{5}{9} - 2\dfrac{14}{15} =$

22 $4\dfrac{2}{17} - 1\dfrac{19}{34} =$

23 $6\frac{4}{19} - 2\frac{1}{2} =$

24 $5\frac{7}{20} - 1\frac{8}{15} =$

25 $6\frac{8}{21} - 3\frac{9}{14} =$

26 $8\frac{5}{24} - 2\frac{11}{32} =$

27 $4\frac{3}{25} - 3\frac{7}{10} =$

28 $3\frac{11}{26} - 1\frac{9}{13} =$

29 $7\frac{13}{28} - 2\frac{5}{7} =$

30 $2\frac{19}{30} - 1\frac{3}{4} =$

31 $5\frac{7}{32} - 2\frac{7}{12} =$

32 $4\frac{4}{35} - 1\frac{13}{14} =$

33 $6\frac{5}{38} - 3\frac{1}{6} =$

34 $3\frac{7}{40} - 2\frac{9}{16} =$

● 계산하여 기약분수로 나타내어 보세요.

1 $\dfrac{1}{3} + \dfrac{1}{5} =$

7 $\dfrac{9}{14} + \dfrac{6}{7} =$

2 $1\dfrac{1}{4} + 2\dfrac{3}{7} =$

8 $6\dfrac{13}{16} - 2\dfrac{11}{12} =$

3 $\dfrac{4}{5} - \dfrac{1}{8} =$

9 $3\dfrac{5}{18} + 3\dfrac{1}{4} =$

4 $3\dfrac{5}{8} - 1\dfrac{1}{6} =$

10 $\dfrac{4}{19} + \dfrac{1}{2} =$

5 $5\dfrac{5}{9} + 4\dfrac{5}{6} =$

11 $\dfrac{19}{20} - \dfrac{3}{4} =$

6 $5\dfrac{7}{10} - 2\dfrac{3}{8} =$

12 $5\dfrac{17}{21} - 2\dfrac{13}{14} =$

13 $2\dfrac{4}{25}+2\dfrac{3}{10}=$

19 $\dfrac{15}{32}+\dfrac{5}{16}=$

14 $\dfrac{15}{26}-\dfrac{10}{39}=$

20 $\dfrac{32}{33}+\dfrac{5}{44}=$

15 $\dfrac{16}{27}+\dfrac{11}{18}=$

21 $\dfrac{21}{34}-\dfrac{1}{2}=$

16 $4\dfrac{25}{28}-1\dfrac{3}{8}=$

22 $4\dfrac{22}{35}-3\dfrac{5}{28}=$

17 $3\dfrac{17}{30}+1\dfrac{11}{12}=$

23 $\dfrac{17}{36}+\dfrac{19}{20}=$

18 $8\dfrac{23}{30}-2\dfrac{11}{35}=$

24 $7\dfrac{19}{40}-1\dfrac{15}{16}=$

>> 다른 그림 8곳을 찾아보세요.

3

분수의 곱셈

이렇게 계산해요 $\dfrac{5}{6} \times 4$의 계산

분자와 자연수 곱하기

방법 1 $\dfrac{5}{6} \times 4 = \dfrac{5 \times 4}{6} = \dfrac{\overset{10}{\cancel{20}}}{\underset{3}{\cancel{6}}} = \dfrac{10}{3} = 3\dfrac{1}{3}$

분모는 그대로 두기

방법 2 $\dfrac{5}{\underset{3}{\cancel{6}}} \times \overset{2}{\cancel{4}} = \dfrac{10}{3} = 3\dfrac{1}{3}$

● ☐ 안에 알맞은 수를 써넣으세요.

1 $\dfrac{1}{3} \times 5 = \dfrac{1 \times \boxed{}}{3} = \dfrac{\boxed{}}{3}$

$= \boxed{}\dfrac{\boxed{}}{3}$

2 $\dfrac{3}{4} \times 2 = \dfrac{3 \times 2}{4} = \dfrac{\overset{\boxed{}}{\cancel{6}}}{\underset{\boxed{}}{\cancel{4}}}$

$= \dfrac{\boxed{}}{2} = \boxed{}\dfrac{\boxed{}}{2}$

3 $\dfrac{4}{5} \times 4 = \dfrac{4 \times \boxed{}}{5} = \dfrac{\boxed{}}{5}$

$= \boxed{}\dfrac{\boxed{}}{5}$

4 $\dfrac{7}{6} \times 5 = \dfrac{7 \times \boxed{}}{6} = \dfrac{\boxed{}}{6}$

$= \boxed{}\dfrac{\boxed{}}{6}$

5 $\dfrac{10}{7} \times 3 = \dfrac{10 \times \boxed{}}{7} = \dfrac{\boxed{}}{7}$

$= \boxed{}\dfrac{\boxed{}}{7}$

6 $\dfrac{11}{8} \times 4 = \dfrac{11 \times 4}{8} = \dfrac{\overset{\boxed{}}{\cancel{44}}}{\underset{\boxed{}}{\cancel{8}}}$

$= \dfrac{\boxed{}}{2} = \boxed{}\dfrac{\boxed{}}{2}$

3

7 $\dfrac{5}{9} \times 3 = \dfrac{\square}{3} = \square\dfrac{\square}{3}$

8 $\dfrac{9}{14} \times 10 = \dfrac{\square}{7} = \square\dfrac{\square}{7}$

9 $\dfrac{8}{15} \times 5 = \dfrac{\square}{3} = \square\dfrac{\square}{3}$

10 $\dfrac{7}{18} \times 14 = \dfrac{\square}{9} = \square\dfrac{\square}{9}$

11 $\dfrac{4}{21} \times 9 = \dfrac{\square}{7} = \square\dfrac{\square}{7}$

12 $\dfrac{6}{25} \times 20 = \dfrac{\square}{5} = \square\dfrac{\square}{5}$

13 $\dfrac{28}{27} \times 18 = \dfrac{\square}{3} = \square\dfrac{\square}{3}$

14 $\dfrac{37}{30} \times 15 = \dfrac{\square}{2} = \square\dfrac{\square}{2}$

15 $\dfrac{39}{32} \times 8 = \dfrac{\square}{4} = \square\dfrac{\square}{4}$

16 $\dfrac{41}{36} \times 24 = \dfrac{\square}{3} = \square\dfrac{\square}{3}$

17 $\dfrac{47}{42} \times 14 = \dfrac{\square}{3} = \square\dfrac{\square}{3}$

18 $\dfrac{53}{48} \times 16 = \dfrac{\square}{3} = \square\dfrac{\square}{3}$

19   $\dfrac{3}{4} \times 6 =$

20   $\dfrac{5}{6} \times 10 =$

21   $\dfrac{4}{7} \times 4 =$

22   $\dfrac{4}{9} \times 12 =$

23   $\dfrac{7}{10} \times 25 =$

24   $\dfrac{9}{14} \times 22 =$

25   $\dfrac{22}{15} \times 27 =$

26   $\dfrac{17}{16} \times 30 =$

27   $\dfrac{23}{18} \times 24 =$

28   $\dfrac{27}{20} \times 8 =$

29   $\dfrac{25}{22} \times 6 =$

30   $\dfrac{29}{24} \times 6 =$

3

31 $\dfrac{17}{25} \times 10 =$

37 $\dfrac{47}{36} \times 9 =$

32 $\dfrac{11}{26} \times 13 =$

38 $\dfrac{43}{38} \times 19 =$

33 $\dfrac{15}{28} \times 35 =$

39 $\dfrac{47}{40} \times 16 =$

34 $\dfrac{19}{30} \times 12 =$

40 $\dfrac{52}{45} \times 90 =$

35 $\dfrac{21}{34} \times 2 =$

41 $\dfrac{65}{46} \times 23 =$

36 $\dfrac{8}{35} \times 4 =$

42 $\dfrac{73}{55} \times 11 =$

(대분수)×(자연수)

이렇게
계산해요

$1\dfrac{3}{4} \times 6$의 계산

가분수로 나타내기

방법 1 $1\dfrac{3}{4} \times 6 = \dfrac{7}{\cancel{4}_{2}} \times \cancel{6}^{3} = \dfrac{21}{2} = 10\dfrac{1}{2}$

대분수를 자연수와 진분수로 나누기

방법 2 $1\dfrac{3}{4} \times 6 = (1 \times 6) + \left(\dfrac{3}{\cancel{4}_{2}} \times \cancel{6}^{3}\right) = 6 + \dfrac{9}{2} = 6 + 4\dfrac{1}{2} = 10\dfrac{1}{2}$

● ☐ 안에 알맞은 수를 써넣으세요.

1 $1\dfrac{1}{3} \times 5 = \dfrac{\boxed{}}{3} \times 5$

$= \dfrac{\boxed{}}{3} = \boxed{}\dfrac{\boxed{}}{3}$

2 $3\dfrac{1}{4} \times 10 = \dfrac{13}{\cancel{4}} \times 10 = \dfrac{\boxed{}}{2}^{\boxed{}}$

$= \boxed{}\dfrac{\boxed{}}{2}$

3 $2\dfrac{5}{6} \times 4 = \dfrac{17}{6} \times 4 = \dfrac{\boxed{}}{3}^{\boxed{}}$

$= \boxed{}\dfrac{\boxed{}}{3}$

4 $2\dfrac{2}{7} \times 3 = \dfrac{\boxed{}}{7} \times 3$

$= \dfrac{\boxed{}}{7} = \boxed{}\dfrac{\boxed{}}{7}$

5 $1\dfrac{7}{8} \times 2 = \dfrac{15}{\cancel{8}} \times 2 = \dfrac{\boxed{}}{4}^{\boxed{}}$

$= \boxed{}\dfrac{\boxed{}}{4}$

6 $3\dfrac{4}{9} \times 6 = \dfrac{31}{\cancel{9}} \times 6 = \dfrac{\boxed{}}{3}^{\boxed{}}$

$= \boxed{}\dfrac{\boxed{}}{3}$

7 $1\frac{1}{12} \times 4 = (1 \times 4) + \left(\frac{1}{12} \times 4^{\square}\right)$

$= \square + \dfrac{\square^{\square}}{3}$

$= \square \dfrac{\square}{3}$

8 $2\frac{4}{15} \times 3 = (2 \times 3) + \left(\frac{4}{15} \times 3^{\square}\right)$

$= \square + \dfrac{\square^{\square}}{5}$

$= \square \dfrac{\square}{5}$

9 $3\frac{8}{21} \times 7 = (3 \times 7) + \left(\frac{8}{21} \times 7^{\square}\right)$

$= \square + \dfrac{\square^{\square}}{3}$

$= \square + \square \dfrac{\square}{3}$

$= \square \dfrac{\square}{3}$

10 $1\frac{4}{25} \times 5 = (1 \times 5) + \left(\frac{4}{25} \times 5^{\square}\right)$

$= \square + \dfrac{\square^{\square}}{5}$

$= \square \dfrac{\square}{5}$

11 $2\frac{1}{36} \times 18 = (2 \times 18) + \left(\frac{1}{36} \times 18^{\square}\right)$

$= \square + \dfrac{\square^{\square}}{2}$

$= \square \dfrac{\square}{2}$

12 $1\frac{13}{42} \times 6 = (1 \times 6) + \left(\frac{13}{42} \times 6^{\square}\right)$

$= \square + \dfrac{\square^{\square}}{7}$

$= \square + \square \dfrac{\square}{7}$

$= \square \dfrac{\square}{7}$

3

13 $2\frac{1}{2} \times 8 =$

14 $1\frac{2}{3} \times 4 =$

15 $3\frac{1}{4} \times 10 =$

16 $1\frac{4}{5} \times 2 =$

17 $2\frac{7}{8} \times 12 =$

18 $2\frac{9}{10} \times 6 =$

19 $3\frac{4}{11} \times 22 =$

20 $1\frac{3}{14} \times 16 =$

21 $1\frac{8}{15} \times 3 =$

22 $2\frac{5}{16} \times 20 =$

23 $1\frac{7}{18} \times 4 =$

24 $3\frac{1}{20} \times 7 =$

3

25   $1\dfrac{7}{22} \times 33 =$

26   $2\dfrac{13}{24} \times 3 =$

27   $2\dfrac{6}{25} \times 10 =$

28   $1\dfrac{3}{26} \times 52 =$

29   $3\dfrac{5}{28} \times 4 =$

30   $1\dfrac{11}{30} \times 5 =$

31   $1\dfrac{5}{32} \times 12 =$

32   $2\dfrac{6}{35} \times 7 =$

33   $1\dfrac{9}{38} \times 2 =$

34   $3\dfrac{3}{40} \times 8 =$

35   $1\dfrac{11}{48} \times 3 =$

36   $2\dfrac{7}{60} \times 4 =$

(자연수)×(진분수), (자연수)×(가분수)

이렇게 계산해요

$2 \times \dfrac{5}{6}$의 계산

자연수와 분자 곱하기

방법 1 $2 \times \dfrac{5}{6} = \dfrac{2 \times 5}{6} = \dfrac{\overset{5}{\cancel{10}}}{\underset{3}{\cancel{6}}} = \dfrac{5}{3} = 1\dfrac{2}{3}$

분모는 그대로 두기

방법 2 $\overset{1}{\cancel{2}} \times \dfrac{5}{\underset{3}{\cancel{6}}} = \dfrac{5}{3} = 1\dfrac{2}{3}$

◆ ⬜ 안에 알맞은 수를 써넣으세요.

1   $7 \times \dfrac{1}{2} = \dfrac{\boxed{} \times 1}{2} = \dfrac{\boxed{}}{2}$

$= \boxed{}\dfrac{\boxed{}}{2}$

2   $6 \times \dfrac{3}{4} = \dfrac{6 \times 3}{4} = \dfrac{\overset{\boxed{}}{\cancel{18}}}{\underset{\boxed{}}{\cancel{4}}}$

$= \dfrac{\boxed{}}{2} = \boxed{}\dfrac{\boxed{}}{2}$

3   $9 \times \dfrac{2}{5} = \dfrac{\boxed{} \times 2}{5} = \dfrac{\boxed{}}{5}$

$= \boxed{}\dfrac{\boxed{}}{5}$

4   $3 \times \dfrac{8}{7} = \dfrac{\boxed{} \times 8}{7} = \dfrac{\boxed{}}{7}$

$= \boxed{}\dfrac{\boxed{}}{7}$

5   $5 \times \dfrac{13}{8} = \dfrac{\boxed{} \times 13}{8} = \dfrac{\boxed{}}{8}$

$= \boxed{}\dfrac{\boxed{}}{8}$

6   $6 \times \dfrac{10}{9} = \dfrac{6 \times 10}{9} = \dfrac{\overset{\boxed{}}{\cancel{60}}}{\underset{\boxed{}}{\cancel{9}}}$

$= \dfrac{\boxed{}}{3} = \boxed{}\dfrac{\boxed{}}{3}$

3

7   $\cancel{5} \times \dfrac{9}{10} = \dfrac{\square}{2} = \square\dfrac{\square}{2}$

8   $\cancel{6} \times \dfrac{5}{12} = \dfrac{\square}{2} = \square\dfrac{\square}{2}$

9   $\cancel{4} \times \dfrac{13}{14} = \dfrac{\square}{7} = \square\dfrac{\square}{7}$

10   $\cancel{20} \times \dfrac{3}{16} = \dfrac{\square}{4} = \square\dfrac{\square}{4}$

11   $\cancel{15} \times \dfrac{7}{20} = \dfrac{\square}{4} = \square\dfrac{\square}{4}$

12   $\cancel{11} \times \dfrac{3}{22} = \dfrac{\square}{2} = \square\dfrac{\square}{2}$

13   $\cancel{6} \times \dfrac{25}{24} = \dfrac{\square}{4} = \square\dfrac{\square}{4}$

14   $\cancel{8} \times \dfrac{31}{28} = \dfrac{\square}{7} = \square\dfrac{\square}{7}$

15   $\cancel{17} \times \dfrac{39}{34} = \dfrac{\square}{2} = \square\dfrac{\square}{2}$

16   $\cancel{14} \times \dfrac{41}{35} = \dfrac{\square}{5} = \square\dfrac{\square}{5}$

17   $\cancel{8} \times \dfrac{53}{40} = \dfrac{\square}{5} = \square\dfrac{\square}{5}$

18   $\cancel{7} \times \dfrac{55}{49} = \dfrac{\square}{7} = \square\dfrac{\square}{7}$

19 $9 \times \dfrac{2}{3} =$

20 $10 \times \dfrac{3}{4} =$

21 $8 \times \dfrac{5}{6} =$

22 $12 \times \dfrac{7}{8} =$

23 $5 \times \dfrac{2}{9} =$

24 $6 \times \dfrac{11}{12} =$

25 $26 \times \dfrac{14}{13} =$

26 $10 \times \dfrac{17}{15} =$

27 $4 \times \dfrac{23}{16} =$

28 $2 \times \dfrac{26}{19} =$

29 $18 \times \dfrac{25}{21} =$

30 $6 \times \dfrac{29}{22} =$

3

31 $16 \times \dfrac{7}{24} =$

32 $15 \times \dfrac{14}{25} =$

33 $6 \times \dfrac{4}{27} =$

34 $24 \times \dfrac{5}{32} =$

35 $2 \times \dfrac{8}{33} =$

36 $4 \times \dfrac{13}{34} =$

37 $7 \times \dfrac{39}{35} =$

38 $72 \times \dfrac{41}{36} =$

39 $15 \times \dfrac{53}{42} =$

40 $8 \times \dfrac{49}{44} =$

41 $16 \times \dfrac{55}{48} =$

42 $20 \times \dfrac{71}{60} =$

이렇게
계산해요

$4 \times 1\frac{3}{8}$의 계산

기분수로 나타내기

방법 1 $4 \times 1\frac{3}{8} = \overset{1}{4} \times \frac{11}{\underset{2}{8}} = \frac{11}{2} = 5\frac{1}{2}$

대분수를 자연수와 진분수로 나누기

방법 2 $4 \times 1\frac{3}{8} = (4 \times 1) + \left(\overset{1}{4} \times \frac{3}{\underset{2}{8}}\right) = 4 + \frac{3}{2} = 4 + 1\frac{1}{2} = 5\frac{1}{2}$

● ☐ 안에 알맞은 수를 써넣으세요.

1 $7 \times 1\frac{1}{2} = 7 \times \frac{\boxed{}}{2}$

$= \frac{\boxed{}}{2} = \boxed{}\frac{\boxed{}}{2}$

2 $5 \times 2\frac{2}{3} = 5 \times \frac{\boxed{}}{3}$

$= \frac{\boxed{}}{3} = \boxed{}\frac{\boxed{}}{3}$

3 $6 \times 2\frac{3}{4} = \overset{\boxed{}}{6} \times \frac{11}{4} = \frac{\boxed{}}{2}$

$= \boxed{}\frac{\overset{\boxed{}}{\boxed{}}}{2}$

4 $4 \times 2\frac{2}{5} = 4 \times \frac{\boxed{}}{5}$

$= \frac{\boxed{}}{5} = \boxed{}\frac{\boxed{}}{5}$

5 $8 \times 3\frac{1}{6} = 8 \times \frac{19}{\overset{\boxed{}}{6}} = \frac{\boxed{}}{3}$

$= \boxed{}\frac{\overset{\boxed{}}{\boxed{}}}{3}$

6 $10 \times 4\frac{3}{8} = 10 \times \frac{35}{\overset{\boxed{}}{8}} = \frac{\boxed{}}{4}$

$= \boxed{}\frac{\overset{\boxed{}}{\boxed{}}}{4}$

3

7   $5 \times 1\dfrac{1}{10} = (5 \times 1) + \left(5 \times \dfrac{1}{10}\right)^{\square}$

$= \square + \dfrac{\square^{\square}}{2}$

$= \square\dfrac{\square}{2}$

10   $6 \times 3\dfrac{1}{24} = (6 \times 3) + \left(6 \times \dfrac{1}{24}\right)^{\square}$

$= \square + \dfrac{\square^{\square}}{4}$

$= \square\dfrac{\square}{4}$

8   $2 \times 2\dfrac{3}{14} = (2 \times 2) + \left(2 \times \dfrac{3}{14}\right)^{\square}$

$= \square + \dfrac{\square^{\square}}{7}$

$= \square\dfrac{\square}{7}$

11   $8 \times 2\dfrac{3}{32} = (8 \times 2) + \left(8 \times \dfrac{3}{32}\right)^{\square}$

$= \square + \dfrac{\square^{\square}}{4}$

$= \square\dfrac{\square}{4}$

9   $4 \times 1\dfrac{7}{20} = (4 \times 1) + \left(4 \times \dfrac{7}{20}\right)^{\square}$

$= \square + \dfrac{\square^{\square}}{5}$

$= \square + \square\dfrac{\square}{5}$

$= \square\dfrac{\square}{5}$

12   $4 \times 1\dfrac{15}{44} = (4 \times 1) + \left(4 \times \dfrac{15}{44}\right)^{\square}$

$= \square + \dfrac{\square^{\square}}{11}$

$= \square + \square\dfrac{\square}{11}$

$= \square\dfrac{\square}{11}$

13 $5 \times 1\frac{2}{3} =$

14 $6 \times 3\frac{1}{4} =$

15 $10 \times 2\frac{3}{5} =$

16 $4 \times 2\frac{1}{6} =$

17 $5 \times 3\frac{3}{7} =$

18 $12 \times 1\frac{5}{9} =$

19 $4 \times 2\frac{5}{12} =$

20 $2 \times 1\frac{4}{13} =$

21 $6 \times 3\frac{2}{15} =$

22 $24 \times 1\frac{1}{16} =$

23 $3 \times 2\frac{6}{17} =$

24 $8 \times 2\frac{5}{18} =$

3

25 $4 \times 1\frac{9}{20} =$

26 $14 \times 2\frac{4}{21} =$

27 $46 \times 1\frac{8}{23} =$

28 $15 \times 3\frac{2}{25} =$

29 $9 \times 1\frac{4}{27} =$

30 $4 \times 2\frac{5}{32} =$

31 $3 \times 1\frac{8}{33} =$

32 $2 \times 3\frac{7}{34} =$

33 $7 \times 1\frac{5}{42} =$

34 $5 \times 2\frac{2}{45} =$

35 $69 \times 1\frac{7}{46} =$

36 $18 \times 2\frac{11}{54} =$

(진분수)×(진분수), (진분수)×(가분수)

이렇게 계산해요

$\dfrac{2}{5} \times \dfrac{3}{8}$의 계산

분자끼리 곱하기

방법 1 $\dfrac{2}{5} \times \dfrac{3}{8} = \dfrac{2 \times 3}{5 \times 8} = \dfrac{\overset{3}{\cancel{6}}}{\underset{20}{\cancel{40}}} = \dfrac{3}{20}$

분모끼리 곱하기

방법 2 $\dfrac{2}{5} \times \dfrac{\overset{1}{3}}{\underset{4}{8}} = \dfrac{3}{20}$

● ☐ 안에 알맞은 수를 써넣으세요.

1   $\dfrac{1}{3} \times \dfrac{4}{5} = \dfrac{1 \times \boxed{}}{3 \times \boxed{}} = \dfrac{\boxed{}}{15}$

2   $\dfrac{3}{4} \times \dfrac{6}{7} = \dfrac{3 \times \boxed{}}{4 \times \boxed{}} = \dfrac{\boxed{}}{28}$

            $= \dfrac{\boxed{}}{14}$

3   $\dfrac{2}{5} \times \dfrac{2}{9} = \dfrac{2 \times \boxed{}}{5 \times \boxed{}} = \dfrac{\boxed{}}{45}$

4   $\dfrac{5}{6} \times \dfrac{11}{8} = \dfrac{5 \times \boxed{}}{6 \times \boxed{}} = \dfrac{\boxed{}}{48}$

            $= \boxed{} \dfrac{\boxed{}}{48}$

5   $\dfrac{4}{7} \times \dfrac{10}{9} = \dfrac{4 \times \boxed{}}{7 \times \boxed{}} = \dfrac{\boxed{}}{63}$

6   $\dfrac{4}{9} \times \dfrac{6}{5} = \dfrac{4 \times \boxed{}}{9 \times \boxed{}} = \dfrac{\boxed{}}{45}$

            $= \dfrac{\boxed{}}{15}$

3

7　$\dfrac{7}{10} \times \dfrac{1}{2} = \dfrac{\square}{20}$

8　$\dfrac{5}{\cancel{12}} \times \dfrac{\cancel{3}}{4} = \dfrac{\square}{16}$

9　$\dfrac{9}{\cancel{14}} \times \dfrac{\cancel{4}}{7} = \dfrac{\square}{49}$

10　$\dfrac{7}{\cancel{18}} \times \dfrac{\cancel{3}}{8} = \dfrac{\square}{48}$

11　$\dfrac{\cancel{4}}{21} \times \dfrac{5}{\cancel{6}} = \dfrac{\square}{63}$

12　$\dfrac{9}{\cancel{25}} \times \dfrac{\cancel{5}}{7} = \dfrac{\square}{35}$

13　$\dfrac{11}{\cancel{28}} \times \dfrac{\cancel{14}}{5} = \dfrac{\square}{10} = \square\dfrac{\square}{10}$

14　$\dfrac{13}{\cancel{30}} \times \dfrac{\cancel{20}}{9} = \dfrac{\square}{27}$

15　$\dfrac{27}{\cancel{32}} \times \dfrac{\cancel{8}}{5} = \dfrac{\square}{20} = \square\dfrac{\square}{20}$

16　$\dfrac{17}{\cancel{36}} \times \dfrac{\cancel{12}}{7} = \dfrac{\square}{21}$

17　$\dfrac{5}{\cancel{42}} \times \dfrac{\cancel{35}}{3} = \dfrac{\square}{18} = \square\dfrac{\square}{18}$

18　$\dfrac{17}{\cancel{48}} \times \dfrac{\cancel{24}}{11} = \dfrac{\square}{22}$

19 $\dfrac{1}{2} \times \dfrac{1}{5} =$

25 $\dfrac{1}{10} \times \dfrac{12}{11} =$

20 $\dfrac{2}{3} \times \dfrac{6}{7} =$

26 $\dfrac{4}{11} \times \dfrac{22}{15} =$

21 $\dfrac{4}{5} \times \dfrac{7}{8} =$

27 $\dfrac{7}{12} \times \dfrac{6}{5} =$

22 $\dfrac{2}{7} \times \dfrac{3}{4} =$

28 $\dfrac{8}{15} \times \dfrac{10}{9} =$

23 $\dfrac{5}{8} \times \dfrac{1}{10} =$

29 $\dfrac{15}{16} \times \dfrac{8}{3} =$

24 $\dfrac{7}{9} \times \dfrac{4}{5} =$

30 $\dfrac{6}{19} \times \dfrac{5}{4} =$

31 $\dfrac{7}{20} \times \dfrac{4}{11} =$

32 $\dfrac{9}{22} \times \dfrac{8}{15} =$

33 $\dfrac{1}{24} \times \dfrac{6}{7} =$

34 $\dfrac{14}{25} \times \dfrac{2}{7} =$

35 $\dfrac{8}{27} \times \dfrac{18}{19} =$

36 $\dfrac{13}{30} \times \dfrac{10}{17} =$

37 $\dfrac{9}{34} \times \dfrac{17}{15} =$

38 $\dfrac{12}{35} \times \dfrac{7}{4} =$

39 $\dfrac{7}{40} \times \dfrac{20}{11} =$

40 $\dfrac{21}{44} \times \dfrac{11}{7} =$

41 $\dfrac{35}{46} \times \dfrac{9}{5} =$

42 $\dfrac{25}{54} \times \dfrac{16}{15} =$

(대분수)×(진분수), (대분수)×(가분수)

$2\frac{1}{2} \times \frac{2}{3}$의 계산

가분로 나타내기

방법 1 $2\frac{1}{2} \times \frac{2}{3} = \frac{5}{2} \times \frac{2}{3} = \frac{5}{3} = 1\frac{2}{3}$

대분수를 자연수와 진분수로 나누기

방법 2 $2\frac{1}{2} \times \frac{2}{3} = \left(2 \times \frac{2}{3}\right) + \left(\frac{1}{2} \times \frac{2}{3}\right) = \frac{4}{3} + \frac{1}{3} = \frac{5}{3} = 1\frac{2}{3}$

◆ ☐ 안에 알맞은 수를 써넣으세요.

1 $1\frac{3}{4} \times \frac{8}{9} = \frac{7}{4} \times \frac{8}{9} = \frac{\boxed{}}{9}$

$= \boxed{}\frac{\boxed{}}{9}$

3 $1\frac{3}{7} \times \frac{9}{5} = \frac{10}{7} \times \frac{9}{5} = \frac{\boxed{}}{7}$

$= \boxed{}\frac{\boxed{}}{7}$

2 $2\frac{2}{5} \times \frac{2}{3} = \frac{12}{5} \times \frac{2}{3} = \frac{\boxed{}}{5}$

$= \boxed{}\frac{\boxed{}}{5}$

4 $3\frac{1}{9} \times \frac{5}{4} = \frac{28}{9} \times \frac{5}{4} = \frac{\boxed{}}{9}$

$= \boxed{}\frac{\boxed{}}{9}$

5 $2\dfrac{1}{10}\times\dfrac{1}{2}$

$=\left(2\times\dfrac{1}{2}\right)+\left(\dfrac{1}{10}\times\dfrac{1}{2}\right)$

$=\boxed{}+\dfrac{\boxed{}}{20}=\boxed{}\dfrac{\boxed{}}{20}$

6 $4\dfrac{9}{14}\times\dfrac{2}{5}$

$=\left(4\times\dfrac{2}{5}\right)+\left(\dfrac{9}{14}\times\dfrac{2}{5}\right)$

$=\dfrac{\boxed{}}{5}+\dfrac{\boxed{}}{35}=\dfrac{\boxed{}}{35}$

$=\dfrac{\boxed{}}{7}=\boxed{}\dfrac{\boxed{}}{7}$

7 $1\dfrac{7}{18}\times\dfrac{9}{11}$

$=\left(1\times\dfrac{9}{11}\right)+\left(\dfrac{7}{18}\times\dfrac{9}{11}\right)$

$=\dfrac{\boxed{}}{11}+\dfrac{\boxed{}}{22}$

$=\dfrac{\boxed{}}{22}=\boxed{}\dfrac{\boxed{}}{22}$

8 $3\dfrac{4}{21}\times\dfrac{5}{3}$

$=\left(3\times\dfrac{5}{3}\right)+\left(\dfrac{4}{21}\times\dfrac{5}{3}\right)$

$=\boxed{}+\dfrac{\boxed{}}{63}=\boxed{}\dfrac{\boxed{}}{63}$

9 $1\dfrac{2}{25}\times\dfrac{10}{9}$

$=\left(1\times\dfrac{10}{9}\right)+\left(\dfrac{2}{25}\times\dfrac{10}{9}\right)$

$=\dfrac{\boxed{}}{9}+\dfrac{\boxed{}}{45}=\dfrac{\boxed{}}{45}$

$=\dfrac{\boxed{}}{5}=\boxed{}\dfrac{\boxed{}}{5}$

10 $1\dfrac{9}{26}\times\dfrac{13}{7}$

$=\left(1\times\dfrac{13}{7}\right)+\left(\dfrac{9}{26}\times\dfrac{13}{7}\right)$

$=\dfrac{\boxed{}}{7}+\dfrac{\boxed{}}{14}=\dfrac{\boxed{}}{14}$

$=\dfrac{\boxed{}}{2}=\boxed{}\dfrac{\boxed{}}{2}$

11 $2\dfrac{2}{3} \times \dfrac{3}{5} =$

17 $3\dfrac{5}{9} \times \dfrac{11}{8} =$

12 $5\dfrac{1}{4} \times \dfrac{2}{7} =$

18 $1\dfrac{3}{10} \times \dfrac{5}{2} =$

13 $4\dfrac{4}{5} \times \dfrac{5}{6} =$

19 $4\dfrac{4}{11} \times \dfrac{13}{6} =$

14 $6\dfrac{5}{6} \times \dfrac{8}{9} =$

20 $5\dfrac{7}{12} \times \dfrac{8}{5} =$

15 $2\dfrac{4}{7} \times \dfrac{5}{6} =$

21 $3\dfrac{9}{14} \times \dfrac{7}{2} =$

16 $1\dfrac{7}{8} \times \dfrac{9}{10} =$

22 $2\dfrac{8}{15} \times \dfrac{9}{4} =$

23 $6\dfrac{3}{16} \times \dfrac{4}{9} =$

24 $1\dfrac{5}{17} \times \dfrac{3}{11} =$

25 $2\dfrac{5}{18} \times \dfrac{9}{14} =$

26 $1\dfrac{13}{19} \times \dfrac{5}{8} =$

27 $3\dfrac{9}{20} \times \dfrac{4}{7} =$

28 $4\dfrac{1}{21} \times \dfrac{7}{10} =$

29 $2\dfrac{1}{22} \times \dfrac{12}{5} =$

30 $4\dfrac{5}{24} \times \dfrac{8}{3} =$

31 $1\dfrac{3}{25} \times \dfrac{9}{4} =$

32 $3\dfrac{5}{27} \times \dfrac{18}{5} =$

33 $6\dfrac{1}{28} \times \dfrac{15}{13} =$

34 $2\dfrac{17}{30} \times \dfrac{20}{7} =$

(대분수)×(대분수)

$2\dfrac{2}{3} \times 1\dfrac{1}{4}$의 계산

방법 1 $2\dfrac{2}{3} \times 1\dfrac{1}{4} = \dfrac{\overset{2}{\cancel{8}}}{3} \times \dfrac{5}{\underset{1}{\cancel{4}}} = \dfrac{10}{3} = 3\dfrac{1}{3}$

↳ (가분수)×(가분수)로 바꾸기

방법 2 $2\dfrac{2}{3} \times 1\dfrac{1}{4} = \left(2\dfrac{2}{3} \times 1\right) + \left(2\dfrac{2}{3} \times \dfrac{1}{4}\right) = 2\dfrac{2}{3} + \left(\dfrac{\overset{2}{\cancel{8}}}{3} \times \dfrac{1}{\underset{1}{\cancel{4}}}\right)$

대분수를 자연수와 진분수로 나누기 $\qquad = 2\dfrac{2}{3} + \dfrac{2}{3} = 2\dfrac{4}{3} = 3\dfrac{1}{3}$

● ☐ 안에 알맞은 수를 써넣으세요.

1 $1\dfrac{1}{2} \times 2\dfrac{4}{5} = \dfrac{3}{\cancel{2}} \times \dfrac{14}{5} = \dfrac{\boxed{}}{5}$

$\qquad = \boxed{}\dfrac{\boxed{}}{5}$

2 $3\dfrac{1}{4} \times 1\dfrac{1}{7} = \dfrac{13}{\cancel{4}} \times \dfrac{8}{7} = \dfrac{\boxed{}}{7}$

$\qquad = \boxed{}\dfrac{\boxed{}}{7}$

3 $2\dfrac{5}{6} \times 1\dfrac{1}{8} = \dfrac{17}{\cancel{6}} \times \dfrac{9}{8} = \dfrac{\boxed{}}{16}$

$\qquad = \boxed{}\dfrac{\boxed{}}{16}$

4 $1\dfrac{3}{8} \times 1\dfrac{1}{3} = \dfrac{11}{8} \times \dfrac{\cancel{4}}{3} = \dfrac{\boxed{}}{6}$

$\qquad = \boxed{}\dfrac{\boxed{}}{6}$

5 $1\dfrac{1}{9} \times 1\dfrac{1}{10}$

$= \left(1\dfrac{1}{9} \times 1\right) + \left(1\dfrac{1}{9} \times \dfrac{1}{10}\right)$

$= 1\dfrac{1}{9} + \left(\dfrac{10}{9} \times \dfrac{1}{10}\right)$

$= 1\dfrac{1}{9} + \dfrac{\square}{9} = \square\dfrac{\square}{9}$

6 $2\dfrac{7}{10} \times 1\dfrac{1}{9}$

$= \left(2\dfrac{7}{10} \times 1\right) + \left(2\dfrac{7}{10} \times \dfrac{1}{9}\right)$

$= 2\dfrac{7}{10} + \left(\dfrac{27}{10} \times \dfrac{1}{9}\right)$

$= 2\dfrac{7}{10} + \dfrac{\square}{10} = \square$

7 $2\dfrac{2}{15} \times 1\dfrac{7}{8}$

$= \left(2\dfrac{2}{15} \times 1\right) + \left(2\dfrac{2}{15} \times \dfrac{7}{8}\right)$

$= 2\dfrac{2}{15} + \left(\dfrac{32}{15} \times \dfrac{7}{8}\right)$

$= 2\dfrac{2}{15} + \dfrac{\square}{15} = \square$

8 $1\dfrac{11}{21} \times 1\dfrac{1}{4}$

$= \left(1\dfrac{11}{21} \times 1\right) + \left(1\dfrac{11}{21} \times \dfrac{1}{4}\right)$

$= 1\dfrac{11}{21} + \left(\dfrac{32}{21} \times \dfrac{1}{4}\right)$

$= 1\dfrac{11}{21} + \dfrac{\square}{21} = \square\dfrac{\square}{21}$

9 $1\dfrac{8}{25} \times 1\dfrac{1}{11}$

$= \left(1\dfrac{8}{25} \times 1\right) + \left(1\dfrac{8}{25} \times \dfrac{1}{11}\right)$

$= 1\dfrac{8}{25} + \left(\dfrac{33}{25} \times \dfrac{1}{11}\right)$

$= 1\dfrac{8}{25} + \dfrac{\square}{25} = \square\dfrac{\square}{25}$

10 $2\dfrac{1}{27} \times 1\dfrac{2}{5}$

$= \left(2\dfrac{1}{27} \times 1\right) + \left(2\dfrac{1}{27} \times \dfrac{2}{5}\right)$

$= 2\dfrac{1}{27} + \left(\dfrac{55}{27} \times \dfrac{2}{5}\right)$

$= 2\dfrac{1}{27} + \dfrac{\square}{27} = \square\dfrac{\square}{27}$

11 $1\dfrac{1}{3} \times 3\dfrac{1}{4} =$

17 $3\dfrac{3}{8} \times 2\dfrac{2}{9} =$

12 $5\dfrac{3}{4} \times 1\dfrac{2}{7} =$

18 $5\dfrac{4}{9} \times 3\dfrac{3}{7} =$

13 $4\dfrac{4}{5} \times 2\dfrac{5}{6} =$

19 $6\dfrac{1}{9} \times 4\dfrac{4}{5} =$

14 $6\dfrac{1}{6} \times 3\dfrac{3}{5} =$

20 $1\dfrac{9}{10} \times 1\dfrac{3}{5} =$

15 $2\dfrac{4}{7} \times 6\dfrac{2}{9} =$

21 $2\dfrac{2}{11} \times 3\dfrac{5}{6} =$

16 $4\dfrac{5}{7} \times 1\dfrac{2}{3} =$

22 $3\dfrac{5}{12} \times 1\dfrac{5}{7} =$

23 $5\dfrac{5}{12} \times 2\dfrac{1}{10} =$

24 $4\dfrac{3}{13} \times 3\dfrac{2}{5} =$

25 $1\dfrac{9}{14} \times 1\dfrac{3}{4} =$

26 $2\dfrac{8}{15} \times 5\dfrac{5}{8} =$

27 $6\dfrac{3}{16} \times 1\dfrac{5}{9} =$

28 $3\dfrac{7}{18} \times 2\dfrac{2}{3} =$

29 $2\dfrac{9}{20} \times 3\dfrac{4}{7} =$

30 $5\dfrac{1}{21} \times 1\dfrac{2}{5} =$

31 $4\dfrac{3}{22} \times 1\dfrac{5}{6} =$

32 $1\dfrac{7}{24} \times 3\dfrac{5}{9} =$

33 $2\dfrac{5}{28} \times 4\dfrac{2}{3} =$

34 $3\dfrac{11}{30} \times 2\dfrac{1}{7} =$

이렇게
계산해요

$\dfrac{2}{5} \times \dfrac{1}{4} \times \dfrac{5}{7}$ 의 계산

분자끼리 곱하기

방법 **1** $\dfrac{2}{5} \times \dfrac{1}{4} \times \dfrac{5}{7} = \dfrac{2 \times 1 \times 5}{5 \times 4 \times 7} = \dfrac{\overset{1}{10}}{\underset{14}{140}} = \dfrac{1}{14}$

분모끼리 곱하기

방법 **2** $\dfrac{\overset{1}{\cancel{2}}}{\underset{1}{\cancel{5}}} \times \dfrac{1}{\underset{2}{\cancel{4}}} \times \dfrac{\overset{1}{\cancel{5}}}{7} = \dfrac{1}{14}$

❋ ☐ 안에 알맞은 수를 써넣으세요.

1 $\dfrac{1}{3} \times \dfrac{4}{5} \times \dfrac{5}{6} = \dfrac{1 \times 4 \times 5}{3 \times 5 \times 6}$

$= \dfrac{\boxed{}}{\underset{90}{20}} = \dfrac{\boxed{}}{9}$
$\quad\boxed{}$

3 $\dfrac{5}{6} \times \dfrac{1}{4} \times \dfrac{2}{9} = \dfrac{5 \times 1 \times 2}{6 \times 4 \times 9}$

$= \dfrac{\boxed{}}{\underset{216}{10}} = \dfrac{\boxed{}}{108}$
$\quad\boxed{}$

2 $\dfrac{3}{4} \times \dfrac{2}{7} \times 5 = \dfrac{3 \times 2 \times 5}{4 \times 7}$

$= \dfrac{\boxed{}}{\underset{28}{30}} = \dfrac{\boxed{}}{14}$
$\quad\boxed{}$

$= \boxed{} \dfrac{\boxed{}}{14}$

4 $1\dfrac{1}{7} \times \dfrac{2}{3} \times \dfrac{1}{4} = \dfrac{8}{7} \times \dfrac{2}{3} \times \dfrac{1}{4}$

$= \dfrac{8 \times 2 \times 1}{7 \times 3 \times 4} = \dfrac{\overset{\boxed{}}{16}}{\underset{\boxed{}}{84}}$

$= \dfrac{\boxed{}}{21}$

5   $\dfrac{\cancel{5}}{8} \times \dfrac{1}{3} \times \dfrac{\cancel{4}}{\cancel{5}} = \dfrac{\square}{6}$

6   $\dfrac{4}{9} \times \dfrac{3}{5} \times 1\dfrac{3}{4} = \dfrac{\cancel{4}}{\cancel{9}} \times \dfrac{3}{5} \times \dfrac{7}{\cancel{4}} = \dfrac{\square}{15}$

7   $\dfrac{7}{\cancel{10}} \times \cancel{5} \times \dfrac{3}{8} = \dfrac{\square}{16} = \square\dfrac{\square}{16}$

8   $\dfrac{11}{12} \times 1\dfrac{1}{3} \times \dfrac{1}{5} = \dfrac{11}{\cancel{12}} \times \dfrac{4}{3} \times \dfrac{1}{5} = \dfrac{\square}{45}$

9   $\dfrac{\cancel{9}}{14} \times \dfrac{4}{5} \times \dfrac{1}{\cancel{3}} = \dfrac{\square}{35}$

10   $\dfrac{4}{15} \times 1\dfrac{1}{2} \times 2\dfrac{1}{3} = \dfrac{\cancel{4}}{15} \times \dfrac{3}{\cancel{2}} \times \dfrac{7}{3} = \dfrac{\square}{15}$

11   $\dfrac{8}{17} \times \dfrac{\cancel{5}}{\cancel{8}} \times \dfrac{3}{\cancel{5}} = \dfrac{\square}{17}$

12   $1\dfrac{7}{18} \times \dfrac{7}{10} \times 18 = \dfrac{\cancel{25}}{18} \times \dfrac{7}{10} \times \cancel{18} = \dfrac{\square}{2} = \square\dfrac{\square}{2}$

● 계산하여 기약분수로 나타내어 보세요.

13 $\dfrac{1}{2} \times \dfrac{4}{7} \times \dfrac{3}{8} =$

19 $\dfrac{3}{8} \times \dfrac{4}{5} \times \dfrac{6}{7} =$

14 $\dfrac{2}{3} \times \dfrac{3}{5} \times \dfrac{4}{9} =$

20 $\dfrac{7}{9} \times 1\dfrac{1}{5} \times \dfrac{3}{10} =$

15 $\dfrac{1}{4} \times \dfrac{2}{11} \times \dfrac{5}{6} =$

21 $1\dfrac{7}{10} \times 1\dfrac{2}{3} \times \dfrac{2}{7} =$

16 $\dfrac{3}{5} \times 6 \times \dfrac{5}{7} =$

22 $\dfrac{4}{11} \times \dfrac{3}{4} \times \dfrac{4}{5} =$

17 $\dfrac{1}{6} \times \dfrac{5}{9} \times \dfrac{9}{10} =$

23 $2\dfrac{1}{12} \times 4 \times 3\dfrac{2}{5} =$

18 $1\dfrac{2}{7} \times \dfrac{2}{3} \times 14 =$

24 $3\dfrac{1}{13} \times 1\dfrac{5}{8} \times 1\dfrac{1}{2} =$

3

25 $\dfrac{9}{14} \times \dfrac{2}{3} \times \dfrac{4}{9} =$

31 $\dfrac{10}{21} \times \dfrac{1}{2} \times \dfrac{3}{7} =$

26 $1\dfrac{4}{15} \times \dfrac{5}{7} \times \dfrac{7}{10} =$

32 $1\dfrac{3}{22} \times 1\dfrac{1}{5} \times 1\dfrac{2}{3} =$

27 $1\dfrac{5}{16} \times 2\dfrac{1}{3} \times 4 =$

33 $\dfrac{5}{24} \times \dfrac{3}{4} \times \dfrac{8}{9} =$

28 $\dfrac{8}{17} \times \dfrac{5}{8} \times \dfrac{9}{10} =$

34 $\dfrac{7}{25} \times \dfrac{5}{7} \times 2\dfrac{1}{7} =$

29 $\dfrac{5}{18} \times 9 \times \dfrac{1}{4} =$

35 $\dfrac{3}{26} \times \dfrac{2}{3} \times \dfrac{5}{8} =$

30 $\dfrac{13}{20} \times \dfrac{1}{6} \times \dfrac{4}{5}$

36 $1\dfrac{3}{28} \times \dfrac{4}{7} \times 2\dfrac{1}{3} =$

● 계산하여 기약분수로 나타내어 보세요.

1 $\dfrac{2}{3} \times 6 =$

2 $\dfrac{3}{4} \times \dfrac{8}{9} =$

3 $2\dfrac{4}{5} \times \dfrac{5}{6} =$

4 $\dfrac{1}{6} \times \dfrac{2}{3} \times \dfrac{9}{10} =$

5 $2 \times 3\dfrac{1}{7} =$

6 $1\dfrac{7}{8} \times 2\dfrac{2}{5} =$

7 $3 \times \dfrac{8}{9} =$

8 $2\dfrac{3}{10} \times 5 =$

9 $\dfrac{11}{12} \times 8 =$

10 $\dfrac{5}{14} \times \dfrac{12}{7} =$

11 $1\dfrac{7}{15} \times 10 =$

12 $\dfrac{15}{16} \times \dfrac{4}{5} =$

13 $3\dfrac{7}{18} \times \dfrac{6}{5} =$

19 $\dfrac{5}{28} \times \dfrac{4}{3} \times \dfrac{2}{5} =$

14 $\dfrac{11}{20} \times 4 \times \dfrac{3}{7} =$

20 $1\dfrac{7}{30} \times 3\dfrac{3}{4} =$

15 $4 \times \dfrac{29}{24} =$

21 $1\dfrac{3}{32} \times 24 =$

16 $4\dfrac{2}{25} \times \dfrac{5}{9} =$

22 $17 \times \dfrac{39}{34} =$

17 $2 \times 2\dfrac{15}{26} =$

23 $21 \times 2\dfrac{6}{35} =$

18 $\dfrac{29}{27} \times 6 =$

24 $2\dfrac{5}{36} \times 3\dfrac{15}{22} =$

>> 다른 그림 8곳을 찾아보세요.

분수의 나눗셈

이렇게
계산해요

● $\dfrac{4}{5} \div 2$의 계산

분자를 자연수로 나누기

$$\dfrac{4}{5} \div 2 = \dfrac{4 \div 2}{5} = \dfrac{2}{5}$$

분모는 그대로 두기

● $\dfrac{3}{4} \div 2$의 계산

분자 3이 자연수 2의 배수인
6이 되도록 바꾸기

$$\dfrac{3}{4} \div 2 = \dfrac{6}{8} \div 2 = \dfrac{6 \div 2}{8} = \dfrac{3}{8}$$

● ⬜ 안에 알맞은 수를 써넣으세요.

1   $\dfrac{2}{3} \div 2 = \dfrac{2 \div \boxed{}}{3} = \dfrac{\boxed{}}{3}$

2   $\dfrac{3}{5} \div 2 = \dfrac{\boxed{}}{10} \div 2$
     $= \dfrac{\boxed{} \div 2}{10} = \dfrac{\boxed{}}{10}$

3   $\dfrac{5}{6} \div 5 = \dfrac{5 \div \boxed{}}{6} = \dfrac{\boxed{}}{6}$

4   $\dfrac{5}{7} \div 2 = \dfrac{\boxed{}}{14} \div 2$
     $= \dfrac{\boxed{} \div 2}{14} = \dfrac{\boxed{}}{14}$

5   $\dfrac{8}{7} \div 4 = \dfrac{8 \div \boxed{}}{7} = \dfrac{\boxed{}}{7}$

6   $\dfrac{11}{8} \div 3 = \dfrac{\boxed{}}{24} \div 3$
     $= \dfrac{\boxed{} \div 3}{24} = \dfrac{\boxed{}}{24}$

7   $\dfrac{15}{8} \div 5 = \dfrac{15 \div \boxed{}}{8} = \dfrac{\boxed{}}{8}$

8   $\dfrac{10}{9} \div 3 = \dfrac{\boxed{}}{27} \div 3$
     $= \dfrac{\boxed{} \div 3}{27} = \dfrac{\boxed{}}{27}$

9 $\dfrac{10}{11} \div 5 = \dfrac{\boxed{} \div 5}{11} = \dfrac{\boxed{}}{11}$

15 $\dfrac{35}{27} \div 5 = \dfrac{35 \div \boxed{}}{27} = \dfrac{\boxed{}}{27}$

10 $\dfrac{8}{13} \div 3 = \dfrac{\boxed{}}{39} \div 3$

$= \dfrac{\boxed{} \div 3}{39} = \dfrac{\boxed{}}{39}$

16 $\dfrac{34}{31} \div 3 = \dfrac{\boxed{}}{93} \div 3$

$= \dfrac{\boxed{} \div 3}{93} = \dfrac{\boxed{}}{93}$

11 $\dfrac{8}{15} \div 4 = \dfrac{8 \div \boxed{}}{15} = \dfrac{\boxed{}}{15}$

17 $\dfrac{35}{33} \div 7 = \dfrac{35 \div \boxed{}}{33} = \dfrac{\boxed{}}{33}$

12 $\dfrac{3}{16} \div 2 = \dfrac{\boxed{}}{32} \div 2$

$= \dfrac{\boxed{} \div 2}{32} = \dfrac{\boxed{}}{32}$

18 $\dfrac{39}{38} \div 2 = \dfrac{\boxed{}}{76} \div 2$

$= \dfrac{\boxed{} \div 2}{76} = \dfrac{\boxed{}}{76}$

13 $\dfrac{9}{20} \div 3 = \dfrac{9 \div \boxed{}}{20} = \dfrac{\boxed{}}{20}$

19 $\dfrac{56}{45} \div 8 = \dfrac{56 \div \boxed{}}{45} = \dfrac{\boxed{}}{45}$

14 $\dfrac{2}{23} \div 6 = \dfrac{\boxed{}}{69} \div 6$

$= \dfrac{\boxed{} \div 6}{69} = \dfrac{\boxed{}}{69}$

20 $\dfrac{52}{49} \div 3 = \dfrac{\boxed{}}{147} \div 3$

$= \dfrac{\boxed{} \div 3}{147} = \dfrac{\boxed{}}{147}$

21 $\dfrac{3}{4} \div 3 =$

22 $\dfrac{2}{5} \div 3 =$

23 $\dfrac{4}{7} \div 2 =$

24 $\dfrac{3}{8} \div 4 =$

25 $\dfrac{4}{9} \div 5 =$

26 $\dfrac{9}{10} \div 3 =$

27 $\dfrac{13}{12} \div 2 =$

28 $\dfrac{18}{13} \div 6 =$

29 $\dfrac{15}{14} \div 3 =$

30 $\dfrac{19}{16} \div 2 =$

31 $\dfrac{20}{17} \div 4 =$

32 $\dfrac{23}{20} \div 3 =$

33 $\dfrac{16}{21} \div 8 =$

34 $\dfrac{7}{22} \div 4 =$

35 $\dfrac{12}{25} \div 6 =$

36 $\dfrac{15}{26} \div 5 =$

37 $\dfrac{3}{28} \div 2 =$

38 $\dfrac{24}{29} \div 4 =$

39 $\dfrac{37}{30} \div 3 =$

40 $\dfrac{35}{32} \div 7 =$

41 $\dfrac{36}{35} \div 2 =$

42 $\dfrac{40}{37} \div 4 =$

43 $\dfrac{41}{40} \div 3 =$

44 $\dfrac{56}{45} \div 7 =$

이렇게
계산해요

$2\frac{2}{3}÷2$의 계산

분자를 자연수로 나누기

방법 1 $2\frac{2}{3}÷2=\dfrac{8}{3}÷2=\dfrac{8÷2}{3}=\dfrac{4}{3}=1\frac{1}{3}$

가분수로 나타내기

÷(자연수)를 $×\dfrac{1}{(자연수)}$로 바꾸기

방법 2 $2\frac{2}{3}÷2=\dfrac{8}{3}÷2=\dfrac{8}{3}×\dfrac{1}{\overset{}{2}}\!\!{}_{1}^{4}=\dfrac{4}{3}=1\frac{1}{3}$

가분수로 나타내기

● ☐ 안에 알맞은 수를 써넣으세요.

1 $1\frac{3}{4}÷7=\dfrac{\boxed{}}{4}÷7$

$=\dfrac{7÷\boxed{}}{4}=\dfrac{\boxed{}}{4}$

3 $2\frac{2}{7}÷4=\dfrac{\boxed{}}{7}÷4$

$=\dfrac{\boxed{}÷4}{7}=\dfrac{\boxed{}}{7}$

2 $1\frac{5}{6}÷2=\dfrac{\boxed{}}{6}÷2$

$=\dfrac{\boxed{}}{12}÷2$

$=\dfrac{\boxed{}÷2}{12}=\dfrac{\boxed{}}{12}$

4 $1\frac{5}{9}÷3=\dfrac{\boxed{}}{9}÷3$

$=\dfrac{\boxed{}}{27}÷3$

$=\dfrac{\boxed{}÷3}{27}=\dfrac{\boxed{}}{27}$

5 $1\dfrac{4}{11} \div 5 = \dfrac{\boxed{}}{11} \div 5$

$\phantom{1\dfrac{4}{11}} = \dfrac{\boxed{}}{11} \times \dfrac{1}{\boxed{}} = \dfrac{\boxed{}}{11}$

6 $3\dfrac{2}{15} \div 2 = \dfrac{\boxed{}}{15} \div 2$

$\phantom{3\dfrac{2}{15}} = \dfrac{\boxed{}}{15} \times \dfrac{1}{\boxed{}}$

$\phantom{3\dfrac{2}{15}} = \dfrac{\boxed{}}{30} = \boxed{}\dfrac{\boxed{}}{30}$

7 $1\dfrac{5}{18} \div 3 = \dfrac{\boxed{}}{18} \div 3$

$\phantom{1\dfrac{5}{18}} = \dfrac{\boxed{}}{18} \times \dfrac{1}{\boxed{}}$

$\phantom{1\dfrac{5}{18}} = \dfrac{\boxed{}}{54}$

8 $2\dfrac{9}{20} \div 7 = \dfrac{\boxed{}}{20} \div 7$

$\phantom{2\dfrac{9}{20}} = \dfrac{\boxed{}}{20} \times \dfrac{1}{\boxed{}} = \dfrac{\boxed{}}{20}$

9 $1\dfrac{1}{23} \div 3 = \dfrac{\boxed{}}{23} \div 3$

$\phantom{1\dfrac{1}{23}} = \dfrac{\boxed{}}{23} \times \dfrac{1}{\boxed{}} = \dfrac{\boxed{}}{23}$

10 $2\dfrac{1}{32} \div 2 = \dfrac{\boxed{}}{32} \div 2$

$\phantom{2\dfrac{1}{32}} = \dfrac{\boxed{}}{32} \times \dfrac{1}{\boxed{}}$

$\phantom{2\dfrac{1}{32}} = \dfrac{\boxed{}}{64} = \boxed{}\dfrac{1}{\boxed{}}$

11 $3\dfrac{5}{36} \div 5 = \dfrac{\boxed{}}{36} \div 5$

$\phantom{3\dfrac{5}{36}} = \dfrac{\boxed{}}{36} \times \dfrac{1}{\boxed{}}$

$\phantom{3\dfrac{5}{36}} = \dfrac{\boxed{}}{180}$

12 $1\dfrac{5}{43} \div 6 = \dfrac{\boxed{}}{43} \div 6$

$\phantom{1\dfrac{5}{43}} = \dfrac{\boxed{}}{43} \times \dfrac{1}{\boxed{}} = \dfrac{\boxed{}}{43}$

13 $1\frac{1}{2} \div 3 =$

14 $3\frac{1}{3} \div 5 =$

15 $2\frac{3}{5} \div 5 =$

16 $2\frac{5}{6} \div 2 =$

17 $3\frac{6}{7} \div 9 =$

18 $1\frac{5}{8} \div 3 =$

19 $3\frac{5}{9} \div 4 =$

20 $2\frac{3}{10} \div 2 =$

21 $1\frac{7}{12} \div 4 =$

22 $2\frac{11}{14} \div 13 =$

23 $3\frac{7}{15} \div 3 =$

24 $2\frac{3}{16} \div 7 =$

25 $1\dfrac{1}{19} \div 5 =$

26 $2\dfrac{4}{21} \div 4 =$

27 $3\dfrac{5}{22} \div 2 =$

28 $1\dfrac{5}{27} \div 8 =$

29 $2\dfrac{3}{28} \div 3 =$

30 $3\dfrac{7}{30} \div 4 =$

31 $1\dfrac{2}{33} \div 5 =$

32 $2\dfrac{8}{35} \div 6 =$

33 $1\dfrac{11}{37} \div 12 =$

34 $2\dfrac{3}{40} \div 3 =$

35 $1\dfrac{19}{45} \div 4 =$

36 $2\dfrac{14}{65} \div 18 =$

4

(분수)×(자연수)÷(자연수), (분수)÷(자연수)×(자연수)

이렇게
계산해요

• $\dfrac{2}{5} \times 3 \div 4$의 계산

방법 1

$$\dfrac{2}{5} \times 3 \div 4 = \dfrac{6}{5} \div 4 = \dfrac{\overset{3}{\cancel{6}}}{5} \times \dfrac{1}{\underset{2}{\cancel{4}}} = \dfrac{3}{10}$$

방법 2

$$\dfrac{2}{5} \times 3 \div 4 = \dfrac{2}{5} \times 3 \times \dfrac{1}{\underset{2}{\cancel{4}}} = \dfrac{3}{10}$$

• $\dfrac{3}{4} \div 7 \times 2$의 계산

방법 1

$$\dfrac{3}{4} \div 7 \times 2 = \dfrac{3}{4} \times \dfrac{1}{7} \times 2 = \dfrac{3}{\underset{14}{\cancel{28}}} \times \overset{1}{\cancel{2}} = \dfrac{3}{14}$$

방법 2

$$\dfrac{3}{4} \div 7 \times 2 = \dfrac{3}{\underset{2}{\cancel{4}}} \times \dfrac{1}{7} \times \overset{1}{\cancel{2}} = \dfrac{3}{14}$$

● ▢ 안에 알맞은 수를 써넣으세요.

1 $\dfrac{2}{3} \times 4 \div 6 = \dfrac{\square}{3} \div 6$

$\phantom{\dfrac{2}{3} \times 4 \div 6} = \dfrac{\square}{3} \times \dfrac{\square}{6} = \dfrac{\square}{9}$

3 $\dfrac{5}{8} \div 3 \times 4 = \dfrac{\square}{8} \times \dfrac{\square}{3} \times 4$

$\phantom{\dfrac{5}{8} \div 3 \times 4} = \dfrac{\square}{24} \times 4 = \dfrac{\square}{6}$

2 $\dfrac{9}{7} \times 5 \div 3 = \dfrac{\square}{7} \div 3$

$\phantom{\dfrac{9}{7} \times 5 \div 3} = \dfrac{\square}{7} \times \dfrac{\square}{3}$

$\phantom{\dfrac{9}{7} \times 5 \div 3} = \dfrac{\square}{7} = \square\dfrac{\square}{7}$

4 $\dfrac{14}{9} \div 2 \times 3 = \dfrac{\square}{9} \times \dfrac{\square}{2} \times 3$

$\phantom{\dfrac{14}{9} \div 2 \times 3} = \dfrac{\square}{9} \times 3$

$\phantom{\dfrac{14}{9} \div 2 \times 3} = \dfrac{\square}{3} = \square\dfrac{\square}{3}$

5 $\dfrac{7}{10} \times 5 \div 2 = \dfrac{\boxed{}}{10} \times 5 \times \dfrac{\boxed{}}{2}$

$\qquad = \dfrac{\boxed{}}{4} = \boxed{} \dfrac{\boxed{}}{4}$

6 $\dfrac{9}{14} \times 4 \div 3 = \dfrac{\boxed{}}{14} \times 4 \times \dfrac{\boxed{}}{3}$

$\qquad = \dfrac{\boxed{}}{7}$

7 $\dfrac{27}{22} \times 2 \div 9 = \dfrac{\boxed{}}{22} \times 2 \times \dfrac{\boxed{}}{9}$

$\qquad = \dfrac{\boxed{}}{11}$

8 $1\dfrac{5}{28} \times 5 \div 3 = \dfrac{\boxed{}}{28} \times 5 \times \dfrac{\boxed{}}{3}$

$\qquad = \dfrac{\boxed{}}{28}$

$\qquad = \boxed{} \dfrac{\boxed{}}{28}$

9 $2\dfrac{4}{31} \div 6 \times 2 = \dfrac{\boxed{}}{31} \times \dfrac{\boxed{}}{6} \times 2$

$\qquad = \dfrac{\boxed{}}{31}$

10 $\dfrac{16}{35} \div 4 \times 8 = \dfrac{\boxed{}}{35} \times \dfrac{\boxed{}}{4} \times 8$

$\qquad = \dfrac{\boxed{}}{35}$

11 $\dfrac{49}{45} \div 2 \times 3 = \dfrac{\boxed{}}{45} \times \dfrac{\boxed{}}{2} \times 3$

$\qquad = \dfrac{\boxed{}}{30} = \boxed{} \dfrac{\boxed{}}{30}$

12 $1\dfrac{13}{47} \div 5 \times 4 = \dfrac{\boxed{}}{47} \times \dfrac{\boxed{}}{5} \times 4$

$\qquad = \dfrac{\boxed{}}{47}$

$\qquad = \boxed{} \dfrac{\boxed{}}{47}$

13 $\dfrac{3}{4} \times 5 \div 9 =$

14 $\dfrac{7}{5} \times 3 \div 6 =$

15 $2\dfrac{5}{6} \times 2 \div 3 =$

16 $\dfrac{13}{8} \times 7 \div 6 =$

17 $\dfrac{4}{9} \times 6 \div 5 =$

18 $2\dfrac{1}{10} \times 2 \div 7 =$

19 $\dfrac{17}{12} \div 3 \times 4 =$

20 $\dfrac{5}{14} \div 2 \times 8 =$

21 $3\dfrac{4}{15} \div 7 \times 3 =$

22 $\dfrac{11}{18} \div 2 \times 6 =$

23 $\dfrac{29}{20} \div 4 \times 5 =$

24 $1\dfrac{11}{24} \div 5 \times 2 =$

25 $\dfrac{26}{25} \times 5 \div 3 =$

31 $\dfrac{23}{36} \div 4 \times 6 =$

26 $3\dfrac{4}{27} \times 3 \div 17 =$

32 $\dfrac{40}{37} \div 8 \times 2 =$

27 $\dfrac{16}{29} \times 4 \div 8 =$

33 $1\dfrac{5}{39} \div 11 \times 7 =$

28 $\dfrac{7}{30} \times 6 \div 5 =$

34 $\dfrac{49}{44} \div 7 \times 3 =$

29 $\dfrac{35}{32} \times 4 \div 8 =$

35 $\dfrac{25}{48} \div 5 \times 8 =$

30 $1\dfrac{5}{34} \times 2 \div 9 =$

36 $1\dfrac{3}{55} \div 2 \times 3 =$

이렇게
계산해요

$\dfrac{6}{7} \div 5 \div 3$의 계산

방법 1 $\dfrac{6}{7} \div 5 \div 3 = \dfrac{6}{7} \times \dfrac{1}{5} \div 3 = \dfrac{\overset{2}{\cancel{6}}}{35} \times \dfrac{1}{\underset{1}{\cancel{3}}} = \dfrac{2}{35}$

방법 2 $\dfrac{6}{7} \div 5 \div 3 = \dfrac{\overset{2}{\cancel{6}}}{7} \times \dfrac{1}{5} \times \dfrac{1}{\underset{1}{\cancel{3}}} = \dfrac{2}{35}$

● ☐ 안에 알맞은 수를 써넣으세요.

1 $\dfrac{2}{3} \div 4 \div 5 = \dfrac{\square}{3} \times \dfrac{\square}{4} \div 5$

$\quad = \dfrac{\square}{6} \times \dfrac{\square}{5} = \dfrac{\square}{30}$

4 $\dfrac{4}{7} \div 6 \div 3 = \dfrac{\square}{7} \times \dfrac{\square}{6} \div 3$

$\quad = \dfrac{\square}{21} \times \dfrac{\square}{3} = \dfrac{\square}{63}$

2 $\dfrac{5}{4} \div 2 \div 7 = \dfrac{\square}{4} \times \dfrac{\square}{2} \div 7$

$\quad = \dfrac{\square}{8} \times \dfrac{\square}{7} = \dfrac{\square}{56}$

5 $1\dfrac{7}{8} \div 2 \div 5 = \dfrac{\square}{8} \times \dfrac{\square}{2} \div 5$

$\quad = \dfrac{\square}{16} \times \dfrac{\square}{5} = \dfrac{\square}{16}$

3 $1\dfrac{3}{5} \div 3 \div 4 = \dfrac{\square}{5} \times \dfrac{\square}{3} \div 4$

$\quad = \dfrac{\square}{15} \times \dfrac{\square}{4} = \dfrac{\square}{15}$

6 $\dfrac{14}{9} \div 7 \div 2 = \dfrac{14}{9} \times \dfrac{\square}{7} \div 2$

$\quad = \dfrac{\square}{9} \times \dfrac{\square}{2} = \dfrac{\square}{9}$

7 $\dfrac{13}{10} \div 5 \div 2$

$= \dfrac{\boxed{}}{10} \times \dfrac{\boxed{}}{5} \times \dfrac{\boxed{}}{2}$

$= \dfrac{\boxed{}}{100}$

8 $\dfrac{9}{14} \div 6 \div 4 = \dfrac{\boxed{}}{14} \times \dfrac{\boxed{}}{6} \times \dfrac{\boxed{}}{4}$

$= \dfrac{\boxed{}}{112}$

9 $1\dfrac{5}{21} \div 2 \div 3$

$= \dfrac{\boxed{}}{21} \times \dfrac{\boxed{}}{2} \times \dfrac{\boxed{}}{3}$

$= \dfrac{\boxed{}}{63}$

10 $\dfrac{16}{25} \div 8 \div 2$

$= \dfrac{\boxed{}}{25} \times \dfrac{\boxed{}}{8} \times \dfrac{\boxed{}}{2}$

$= \dfrac{\boxed{}}{25}$

11 $2\dfrac{5}{32} \div 3 \div 3$

$= \dfrac{\boxed{}}{32} \times \dfrac{\boxed{}}{3} \times \dfrac{\boxed{}}{3}$

$= \dfrac{\boxed{}}{96}$

12 $\dfrac{8}{37} \div 4 \div 6 = \dfrac{\boxed{}}{37} \times \dfrac{\boxed{}}{4} \times \dfrac{\boxed{}}{6}$

$= \dfrac{\boxed{}}{111}$

13 $\dfrac{28}{41} \div 2 \div 7$

$= \dfrac{\boxed{}}{41} \times \dfrac{\boxed{}}{2} \times \dfrac{\boxed{}}{7}$

$= \dfrac{\boxed{}}{41}$

14 $1\dfrac{9}{46} \div 5 \div 2$

$= \dfrac{\boxed{}}{46} \times \dfrac{\boxed{}}{5} \times \dfrac{\boxed{}}{2}$

$= \dfrac{\boxed{}}{92}$

● 계산하여 기약분수로 나타내어 보세요.

15 $\dfrac{3}{4} \div 2 \div 3 =$

16 $\dfrac{9}{5} \div 3 \div 5 =$

17 $2\dfrac{4}{7} \div 4 \div 2 =$

18 $\dfrac{15}{8} \div 5 \div 6 =$

19 $\dfrac{4}{9} \div 2 \div 5 =$

20 $2\dfrac{7}{10} \div 3 \div 7 =$

21 $\dfrac{16}{11} \div 4 \div 3 =$

22 $2\dfrac{1}{12} \div 6 \div 5 =$

23 $\dfrac{12}{13} \div 8 \div 6 =$

24 $\dfrac{22}{15} \div 2 \div 5 =$

25 $\dfrac{21}{16} \div 7 \div 4 =$

26 $3\dfrac{1}{18} \div 11 \div 3 =$

27 $\dfrac{9}{20} \div 3 \div 6 =$

28 $\dfrac{32}{21} \div 4 \div 2 =$

29 $1\dfrac{2}{23} \div 5 \div 4 =$

30 $2\dfrac{2}{27} \div 8 \div 3 =$

31 $\dfrac{15}{28} \div 2 \div 5 =$

32 $3\dfrac{1}{30} \div 13 \div 4 =$

33 $\dfrac{35}{33} \div 3 \div 7 =$

34 $\dfrac{27}{34} \div 3 \div 3 =$

35 $\dfrac{49}{40} \div 7 \div 2 =$

36 $\dfrac{55}{42} \div 11 \div 4 =$

37 $1\dfrac{3}{47} \div 5 \div 6 =$

38 $\dfrac{48}{55} \div 8 \div 2 =$

4

DAY 26 (진분수)÷(진분수)

: 분모가 같은 경우

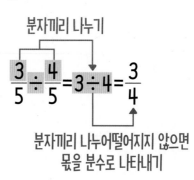

- $\dfrac{6}{7} \div \dfrac{2}{7}$ 의 계산

분자끼리 나누기

$$\dfrac{6}{7} \div \dfrac{2}{7} = 6 \div 2 = 3$$

- $\dfrac{3}{5} \div \dfrac{4}{5}$ 의 계산

분자끼리 나누기

$$\dfrac{3}{5} \div \dfrac{4}{5} = 3 \div 4 = \dfrac{3}{4}$$

분자끼리 나누어떨어지지 않으면
몫을 분수로 나타내기

● ☐ 안에 알맞은 수를 써넣으세요.

1 $\dfrac{2}{3} \div \dfrac{1}{3} = \boxed{} \div \boxed{} = \boxed{}$

5 $\dfrac{4}{7} \div \dfrac{2}{7} = \boxed{} \div \boxed{} = \boxed{}$

2 $\dfrac{3}{4} \div \dfrac{1}{4} = \boxed{} \div \boxed{} = \boxed{}$

6 $\dfrac{5}{8} \div \dfrac{1}{8} = \boxed{} \div \boxed{} = \boxed{}$

3 $\dfrac{4}{5} \div \dfrac{3}{5} = \boxed{} \div 3$

$= \dfrac{\boxed{}}{3} = \boxed{} \dfrac{\boxed{}}{3}$

7 $\dfrac{7}{9} \div \dfrac{4}{9} = \boxed{} \div 4$

$= \dfrac{\boxed{}}{4} = \boxed{} \dfrac{\boxed{}}{4}$

4 $\dfrac{1}{6} \div \dfrac{5}{6} = \boxed{} \div 5 = \dfrac{\boxed{}}{5}$

8 $\dfrac{7}{10} \div \dfrac{9}{10} = \boxed{} \div 9 = \dfrac{\boxed{}}{9}$

9 $\dfrac{6}{11} \div \dfrac{2}{11} = \boxed{} \div \boxed{} = \boxed{}$

15 $\dfrac{30}{31} \div \dfrac{6}{31} = \boxed{} \div \boxed{} = \boxed{}$

10 $\dfrac{8}{13} \div \dfrac{3}{13} = \boxed{} \div 3$
$= \dfrac{\boxed{}}{3} = \boxed{} \dfrac{\boxed{}}{3}$

16 $\dfrac{11}{32} \div \dfrac{3}{32} = \boxed{} \div 3$
$= \dfrac{\boxed{}}{3} = \boxed{} \dfrac{\boxed{}}{3}$

11 $\dfrac{8}{15} \div \dfrac{4}{15} = \boxed{} \div \boxed{} = \boxed{}$

17 $\dfrac{36}{37} \div \dfrac{3}{37} = \boxed{} \div \boxed{} = \boxed{}$

12 $\dfrac{7}{20} \div \dfrac{9}{20} = \boxed{} \div 9 = \dfrac{\boxed{}}{9}$

18 $\dfrac{3}{43} \div \dfrac{22}{43} = \boxed{} \div 22 = \dfrac{\boxed{}}{22}$

13 $\dfrac{12}{23} \div \dfrac{6}{23} = \boxed{} \div \boxed{} = \boxed{}$

19 $\dfrac{35}{44} \div \dfrac{7}{44} = \boxed{} \div \boxed{} = \boxed{}$

14 $\dfrac{20}{27} \div \dfrac{5}{27} = \boxed{} \div \boxed{} = \boxed{}$

20 $\dfrac{15}{46} \div \dfrac{5}{46} = \boxed{} \div \boxed{} = \boxed{}$

● 더 연산 분수 B

21 $\dfrac{3}{5} \div \dfrac{2}{5} =$

22 $\dfrac{6}{7} \div \dfrac{3}{7} =$

23 $\dfrac{3}{8} \div \dfrac{7}{8} =$

24 $\dfrac{8}{9} \div \dfrac{2}{9} =$

25 $\dfrac{7}{10} \div \dfrac{3}{10} =$

26 $\dfrac{1}{11} \div \dfrac{9}{11} =$

27 $\dfrac{5}{12} \div \dfrac{11}{12} =$

28 $\dfrac{9}{14} \div \dfrac{3}{14} =$

29 $\dfrac{15}{16} \div \dfrac{3}{16} =$

30 $\dfrac{14}{17} \div \dfrac{9}{17} =$

31 $\dfrac{11}{18} \div \dfrac{13}{18} =$

32 $\dfrac{16}{21} \div \dfrac{2}{21} =$

33 $\dfrac{15}{22} \div \dfrac{5}{22} =$

34 $\dfrac{17}{24} \div \dfrac{5}{24} =$

35 $\dfrac{12}{25} \div \dfrac{2}{25} =$

36 $\dfrac{15}{28} \div \dfrac{3}{28} =$

37 $\dfrac{7}{30} \div \dfrac{17}{30} =$

38 $\dfrac{16}{33} \div \dfrac{4}{33} =$

39 $\dfrac{32}{35} \div \dfrac{4}{35} =$

40 $\dfrac{9}{38} \div \dfrac{23}{38} =$

41 $\dfrac{25}{42} \div \dfrac{5}{42} =$

42 $\dfrac{29}{46} \div \dfrac{3}{46} =$

43 $\dfrac{49}{50} \div \dfrac{7}{50} =$

44 $\dfrac{48}{65} \div \dfrac{8}{65} =$

4

이렇게 계산해요

$\dfrac{4}{7} \div \dfrac{3}{4}$의 계산

방법 1 $\dfrac{4}{7} \div \dfrac{3}{4} = \dfrac{16}{28} \div \dfrac{21}{28} = 16 \div 21 = \dfrac{16}{21}$

분자끼리 나누기

통분하기

방법 2 $\dfrac{4}{7} \div \dfrac{3}{4} = \dfrac{4}{7} \times \dfrac{4}{3} = \dfrac{16}{21}$

나누는 분수의 분자와 분모를 바꾸어
나눗셈을 곱셈으로 나타내기

● ☐ 안에 알맞은 수를 써넣으세요.

1 $\dfrac{2}{3} \div \dfrac{1}{5} = \dfrac{\boxed{}}{15} \div \dfrac{3}{15}$

$= \boxed{} \div 3$

$= \dfrac{\boxed{}}{3} = \boxed{}\dfrac{\boxed{}}{3}$

2 $\dfrac{4}{5} \div \dfrac{5}{8} = \dfrac{\boxed{}}{40} \div \dfrac{25}{40}$

$= \boxed{} \div 25$

$= \dfrac{\boxed{}}{25} = \boxed{}\dfrac{\boxed{}}{25}$

3 $\dfrac{5}{8} \div \dfrac{7}{16} = \dfrac{\boxed{}}{16} \div \dfrac{7}{16}$

$= \boxed{} \div 7$

$= \dfrac{\boxed{}}{7} = \boxed{}\dfrac{\boxed{}}{7}$

4 $\dfrac{4}{9} \div \dfrac{3}{4} = \dfrac{\boxed{}}{36} \div \dfrac{27}{36}$

$= \boxed{} \div 27$

$= \dfrac{\boxed{}}{27}$

5 $\dfrac{3}{10} \div \dfrac{3}{20} = \dfrac{3}{10} \times \dfrac{\boxed{}}{3} = \boxed{}$

6 $\dfrac{7}{12} \div \dfrac{3}{7} = \dfrac{7}{12} \times \dfrac{\boxed{}}{3}$

$= \dfrac{\boxed{}}{36} = \boxed{} \dfrac{\boxed{}}{36}$

7 $\dfrac{4}{15} \div \dfrac{2}{5} = \dfrac{4}{15} \times \dfrac{\boxed{}}{2} = \dfrac{\boxed{}}{3}$

8 $\dfrac{11}{18} \div \dfrac{5}{6} = \dfrac{11}{18} \times \dfrac{\boxed{}}{5} = \dfrac{\boxed{}}{15}$

9 $\dfrac{20}{21} \div \dfrac{5}{8} = \dfrac{20}{21} \times \dfrac{\boxed{}}{5}$

$= \dfrac{\boxed{}}{21} = \boxed{} \dfrac{\boxed{}}{21}$

10 $\dfrac{8}{25} \div \dfrac{4}{9} = \dfrac{8}{25} \times \dfrac{\boxed{}}{4} = \dfrac{\boxed{}}{25}$

11 $\dfrac{15}{32} \div \dfrac{2}{7} = \dfrac{15}{32} \times \dfrac{\boxed{}}{2}$

$= \dfrac{\boxed{}}{64} = \boxed{} \dfrac{\boxed{}}{64}$

12 $\dfrac{23}{36} \div \dfrac{3}{4} = \dfrac{23}{36} \times \dfrac{\boxed{}}{3} = \dfrac{\boxed{}}{27}$

13 $\dfrac{9}{40} \div \dfrac{3}{8} = \dfrac{9}{40} \times \dfrac{\boxed{}}{3} = \dfrac{\boxed{}}{5}$

14 $\dfrac{35}{44} \div \dfrac{5}{6} = \dfrac{35}{44} \times \dfrac{\boxed{}}{5} = \dfrac{\boxed{}}{22}$

● 계산하여 기약분수로 나타내어 보세요.

15 $\dfrac{1}{3} \div \dfrac{3}{4} =$

16 $\dfrac{3}{4} \div \dfrac{1}{5} =$

17 $\dfrac{2}{5} \div \dfrac{7}{9} =$

18 $\dfrac{5}{6} \div \dfrac{5}{12} =$

19 $\dfrac{3}{7} \div \dfrac{2}{3} =$

20 $\dfrac{7}{8} \div \dfrac{5}{12} =$

21 $\dfrac{5}{9} \div \dfrac{1}{10} =$

22 $\dfrac{7}{11} \div \dfrac{3}{8} =$

23 $\dfrac{12}{13} \div \dfrac{4}{7} =$

24 $\dfrac{9}{14} \div \dfrac{3}{5} =$

25 $\dfrac{15}{16} \div \dfrac{7}{20} =$

26 $\dfrac{3}{19} \div \dfrac{6}{11} =$

4

27 $\dfrac{9}{20} \div \dfrac{3}{4} =$

28 $\dfrac{3}{22} \div \dfrac{4}{11} =$

29 $\dfrac{15}{26} \div \dfrac{5}{8} =$

30 $\dfrac{22}{27} \div \dfrac{5}{12} =$

31 $\dfrac{23}{30} \div \dfrac{7}{10} =$

32 $\dfrac{25}{34} \div \dfrac{15}{17} =$

33 $\dfrac{12}{35} \div \dfrac{6}{7} =$

34 $\dfrac{18}{37} \div \dfrac{9}{10} =$

35 $\dfrac{5}{42} \div \dfrac{1}{6} =$

36 $\dfrac{14}{45} \div \dfrac{2}{3} =$

37 $\dfrac{25}{48} \div \dfrac{5}{8} =$

38 $\dfrac{25}{56} \div \dfrac{5}{6} =$

이렇게 계산해요

- $6 \div \dfrac{2}{3}$의 계산

자연수를 분수의 분자로 나누기

$$6 \div \dfrac{2}{3} = (6 \div 2) \times 3 = 9$$

분수의 분모를 곱하기

- $5 \div \dfrac{3}{4}$의 계산

$$5 \div \dfrac{3}{4} = 5 \times \dfrac{4}{3} = \dfrac{20}{3} = 6\dfrac{2}{3}$$

나누는 분수의 분자와 분모를 바꾸어 나눗셈을 곱셈으로 나타내기

◉ ☐ 안에 알맞은 수를 써넣으세요.

1 $9 \div \dfrac{3}{4} = (9 \div \boxed{}) \times \boxed{}$

$= \boxed{}$

2 $7 \div \dfrac{2}{5} = 7 \times \dfrac{\boxed{}}{2}$

$= \dfrac{\boxed{}}{2} = \boxed{}\dfrac{\boxed{}}{2}$

3 $8 \div \dfrac{4}{5} = (8 \div \boxed{}) \times \boxed{}$

$= \boxed{}$

4 $4 \div \dfrac{5}{6} = 4 \times \dfrac{\boxed{}}{5}$

$= \dfrac{\boxed{}}{5} = \boxed{}\dfrac{\boxed{}}{5}$

5 $12 \div \dfrac{2}{7} = (12 \div \boxed{}) \times \boxed{}$

$= \boxed{}$

6 $9 \div \dfrac{5}{8} = 9 \times \dfrac{\boxed{}}{5}$

$= \dfrac{\boxed{}}{5} = \boxed{}\dfrac{\boxed{}}{5}$

7 $6 \div \dfrac{2}{9} = (6 \div \boxed{}) \times \boxed{}$

$= \boxed{}$

8 $11 \div \dfrac{4}{9} = 11 \times \dfrac{\boxed{}}{4}$

$= \dfrac{\boxed{}}{4} = \boxed{}\dfrac{\boxed{}}{4}$

9 $14 \div \dfrac{7}{10} = (14 \div \boxed{}) \times \boxed{}$

$= \boxed{}$

10 $3 \div \dfrac{11}{12} = 3 \times \dfrac{\boxed{}}{11}$

$= \dfrac{\boxed{}}{11} = \boxed{}\dfrac{\boxed{}}{11}$

11 $27 \div \dfrac{9}{14} = (27 \div \boxed{}) \times \boxed{}$

$= \boxed{}$

12 $6 \div \dfrac{4}{17} = 6 \times \dfrac{\boxed{}}{4}$

$= \dfrac{\boxed{}}{2} = \boxed{}\dfrac{\boxed{}}{2}$

13 $12 \div \dfrac{4}{21} = (12 \div \boxed{}) \times \boxed{}$

$= \boxed{}$

14 $12 \div \dfrac{6}{25} = (12 \div \boxed{}) \times \boxed{}$

$= \boxed{}$

15 $8 \div \dfrac{5}{27} = 8 \times \dfrac{\boxed{}}{5}$

$= \dfrac{\boxed{}}{5} = \boxed{}\dfrac{\boxed{}}{5}$

16 $39 \div \dfrac{13}{30} = (39 \div \boxed{}) \times \boxed{}$

$= \boxed{}$

17 $12 \div \dfrac{16}{35} = 12 \times \dfrac{\boxed{}}{16}$

$= \dfrac{\boxed{}}{4} = \boxed{}\dfrac{\boxed{}}{4}$

18 $16 \div \dfrac{8}{45} = (16 \div \boxed{}) \times \boxed{}$

$= \boxed{}$

19 $12 \div \dfrac{2}{3} =$

20 $6 \div \dfrac{4}{5} =$

21 $30 \div \dfrac{5}{6} =$

22 $28 \div \dfrac{4}{7} =$

23 $3 \div \dfrac{7}{8} =$

24 $20 \div \dfrac{5}{9} =$

25 $9 \div \dfrac{3}{10} =$

26 $6 \div \dfrac{8}{11} =$

27 $10 \div \dfrac{2}{15} =$

28 $4 \div \dfrac{5}{16} =$

29 $28 \div \dfrac{7}{18} =$

30 $3 \div \dfrac{3}{20} =$

31 $15 \div \dfrac{5}{22} =$

32 $26 \div \dfrac{13}{24} =$

33 $12 \div \dfrac{9}{26} =$

34 $16 \div \dfrac{4}{31} =$

35 $45 \div \dfrac{9}{32} =$

36 $30 \div \dfrac{15}{34} =$

37 $4 \div \dfrac{8}{37} =$

38 $3 \div \dfrac{5}{38} =$

39 $14 \div \dfrac{7}{40} =$

40 $2 \div \dfrac{5}{42} =$

41 $36 \div \dfrac{12}{49} =$

42 $18 \div \dfrac{9}{55}$

이렇게 계산해요

$\dfrac{4}{3} \div \dfrac{5}{7}$ 의 계산

분자끼리 나누기

방법 1 $\dfrac{4}{3} \div \dfrac{5}{7} = \dfrac{28}{21} \div \dfrac{15}{21} = 28 \div 15 = \dfrac{28}{15} = 1\dfrac{13}{15}$

↘ 통분하기

방법 2 $\dfrac{4}{3} \div \dfrac{5}{7} = \dfrac{4}{3} \times \dfrac{7}{5} = \dfrac{28}{15} = 1\dfrac{13}{15}$

나누는 분수의 분자와 분모를 바꾸어
나눗셈을 곱셈으로 나타내기

● ☐ 안에 알맞은 수를 써넣으세요.

1 $\dfrac{7}{5} \div \dfrac{2}{3} = \dfrac{\boxed{}}{15} \div \dfrac{10}{15}$

$= \boxed{} \div 10$

$= \dfrac{\boxed{}}{10} = \boxed{}\dfrac{\boxed{}}{10}$

2 $\dfrac{10}{7} \div \dfrac{5}{6} = \dfrac{\boxed{}}{42} \div \dfrac{35}{42}$

$= \boxed{} \div 35 = \dfrac{\boxed{}}{35}$

$= \dfrac{\boxed{}}{7} = \boxed{}\dfrac{\boxed{}}{7}$

3 $\dfrac{11}{8} \div \dfrac{4}{5} = \dfrac{\boxed{}}{40} \div \dfrac{32}{40}$

$= \boxed{} \div 32$

$= \dfrac{\boxed{}}{32} = \boxed{}\dfrac{\boxed{}}{32}$

4 $\dfrac{10}{9} \div \dfrac{7}{8} = \dfrac{\boxed{}}{72} \div \dfrac{63}{72}$

$= \boxed{} \div 63$

$= \dfrac{\boxed{}}{63} = \boxed{}\dfrac{\boxed{}}{63}$

5　$\dfrac{15}{13} \div \dfrac{10}{11} = \dfrac{15}{13} \times \dfrac{\boxed{}}{10}$

$= \dfrac{\boxed{}}{26} = \boxed{}\dfrac{\boxed{}}{26}$

6　$\dfrac{22}{15} \div \dfrac{5}{6} = \dfrac{22}{15} \times \dfrac{\boxed{}}{5}$

$= \dfrac{\boxed{}}{25} = \boxed{}\dfrac{\boxed{}}{25}$

7　$\dfrac{24}{17} \div \dfrac{2}{3} = \dfrac{24}{17} \times \dfrac{\boxed{}}{2}$

$= \dfrac{\boxed{}}{17} = \boxed{}\dfrac{\boxed{}}{17}$

8　$\dfrac{33}{20} \div \dfrac{3}{5} = \dfrac{33}{20} \times \dfrac{\boxed{}}{3}$

$= \dfrac{\boxed{}}{4} = \boxed{}\dfrac{\boxed{}}{4}$

9　$\dfrac{32}{27} \div \dfrac{4}{9} = \dfrac{32}{27} \times \dfrac{\boxed{}}{4}$

$= \dfrac{\boxed{}}{3} = \boxed{}\dfrac{\boxed{}}{3}$

10　$\dfrac{35}{32} \div \dfrac{5}{7} = \dfrac{35}{32} \times \dfrac{\boxed{}}{5}$

$= \dfrac{\boxed{}}{32} = \boxed{}\dfrac{\boxed{}}{32}$

11　$\dfrac{48}{35} \div \dfrac{8}{9} = \dfrac{48}{35} \times \dfrac{\boxed{}}{8}$

$= \dfrac{\boxed{}}{35} = \boxed{}\dfrac{\boxed{}}{35}$

12　$\dfrac{54}{43} \div \dfrac{6}{7} = \dfrac{54}{43} \times \dfrac{\boxed{}}{6}$

$= \dfrac{\boxed{}}{43} = \boxed{}\dfrac{\boxed{}}{43}$

● 계산하여 기약분수로 나타내어 보세요.

13 $\dfrac{5}{2} \div \dfrac{3}{4} =$

14 $\dfrac{8}{3} \div \dfrac{2}{5} =$

15 $\dfrac{9}{4} \div \dfrac{6}{7} =$

16 $\dfrac{12}{5} \div \dfrac{4}{9} =$

17 $\dfrac{7}{6} \div \dfrac{2}{3} =$

18 $\dfrac{15}{7} \div \dfrac{5}{8} =$

19 $\dfrac{16}{9} \div \dfrac{5}{6} =$

20 $\dfrac{19}{12} \div \dfrac{3}{4} =$

21 $\dfrac{15}{14} \div \dfrac{5}{7} =$

22 $\dfrac{21}{16} \div \dfrac{3}{8} =$

23 $\dfrac{23}{18} \div \dfrac{5}{9} =$

24 $\dfrac{26}{19} \div \dfrac{2}{5} =$

4

25 $\frac{32}{21} \div \frac{4}{7} =$

26 $\frac{35}{22} \div \frac{5}{6} =$

27 $\frac{32}{25} \div \frac{4}{5} =$

28 $\frac{27}{26} \div \frac{9}{13} =$

29 $\frac{45}{28} \div \frac{9}{14} =$

30 $\frac{37}{30} \div \frac{3}{10} =$

31 $\frac{34}{33} \div \frac{2}{3} =$

32 $\frac{44}{35} \div \frac{4}{9} =$

33 $\frac{45}{38} \div \frac{3}{8} =$

34 $\frac{48}{43} \div \frac{8}{9} =$

35 $\frac{49}{47} \div \frac{7}{10} =$

36 $\frac{55}{54} \div \frac{5}{6} =$

(대분수)÷(진분수)

$1\dfrac{2}{3} \div \dfrac{4}{5}$ 의 계산

가분수로 나타내기

방법 1 $1\dfrac{2}{3} \div \dfrac{4}{5} = \dfrac{5}{3} \div \dfrac{4}{5} = \dfrac{25}{15} \div \dfrac{12}{15} = 25 \div 12 = \dfrac{25}{12} = 2\dfrac{1}{12}$

통분하기

방법 2 $1\dfrac{2}{3} \div \dfrac{4}{5} = \dfrac{5}{3} \div \dfrac{4}{5} = \dfrac{5}{3} \times \dfrac{5}{4} = \dfrac{25}{12} = 2\dfrac{1}{12}$

나누는 분수의 분자와 분모를 바꾸어
나눗셈을 곱셈으로 나타내기

● ☐ 안에 알맞은 수를 써넣으세요.

1 $2\dfrac{3}{4} \div \dfrac{2}{3} = \dfrac{11}{4} \div \dfrac{2}{3} = \dfrac{\boxed{}}{12} \div \dfrac{8}{12}$

$= \boxed{} \div 8 = \dfrac{\boxed{}}{8}$

$= \boxed{}\dfrac{\boxed{}}{8}$

2 $1\dfrac{1}{6} \div \dfrac{3}{4} = \dfrac{7}{6} \div \dfrac{3}{4} = \dfrac{\boxed{}}{12} \div \dfrac{9}{12}$

$= \boxed{} \div 9 = \dfrac{\boxed{}}{9}$

$= \boxed{}\dfrac{\boxed{}}{9}$

3 $1\dfrac{5}{8} \div \dfrac{3}{4} = \dfrac{13}{8} \div \dfrac{3}{4} = \dfrac{13}{8} \div \dfrac{\boxed{}}{8}$

$= 13 \div \boxed{} = \dfrac{13}{\boxed{}}$

$= \boxed{}\dfrac{\boxed{}}{\boxed{}}$

4 $2\dfrac{7}{9} \div \dfrac{2}{3} = \dfrac{25}{9} \div \dfrac{2}{3} = \dfrac{25}{9} \div \dfrac{\boxed{}}{9}$

$= 25 \div \boxed{} = \dfrac{25}{\boxed{}}$

$= \boxed{}\dfrac{\boxed{}}{\boxed{}}$

5 $1\dfrac{3}{11} \div \dfrac{7}{9} = \dfrac{14}{11} \div \dfrac{7}{9} = \dfrac{14}{11} \times \dfrac{\square}{7}$

$= \dfrac{\square}{11} = \square\dfrac{\square}{11}$

6 $2\dfrac{2}{15} \div \dfrac{4}{5} = \dfrac{32}{15} \div \dfrac{4}{5} = \dfrac{32}{15} \times \dfrac{\square}{4}$

$= \dfrac{\square}{3} = \square\dfrac{\square}{3}$

7 $1\dfrac{5}{19} \div \dfrac{6}{7} = \dfrac{24}{19} \div \dfrac{6}{7} = \dfrac{24}{19} \times \dfrac{\square}{6}$

$= \dfrac{\square}{19} = \square\dfrac{\square}{19}$

8 $2\dfrac{1}{22} \div \dfrac{5}{6} = \dfrac{45}{22} \div \dfrac{5}{6}$

$= \dfrac{45}{22} \times \dfrac{\square}{5}$

$= \dfrac{\square}{11} = \square\dfrac{\square}{11}$

9 $1\dfrac{8}{27} \div \dfrac{5}{9} = \dfrac{35}{27} \div \dfrac{5}{9} = \dfrac{35}{27} \times \dfrac{\square}{5}$

$= \dfrac{\square}{3} = \square\dfrac{\square}{3}$

10 $1\dfrac{7}{33} \div \dfrac{2}{3} = \dfrac{40}{33} \div \dfrac{2}{3} = \dfrac{40}{33} \times \dfrac{\square}{2}$

$= \dfrac{\square}{11} = \square\dfrac{\square}{11}$

11 $1\dfrac{7}{38} \div \dfrac{3}{4} = \dfrac{45}{38} \div \dfrac{3}{4} = \dfrac{45}{38} \times \dfrac{\square}{3}$

$= \dfrac{\square}{19} = \square\dfrac{\square}{19}$

12 $1\dfrac{13}{44} \div \dfrac{9}{10} = \dfrac{57}{44} \div \dfrac{9}{10}$

$= \dfrac{57}{44} \times \dfrac{\square}{9}$

$= \dfrac{\square}{66} = \square\dfrac{\square}{66}$

4. 분수의 나눗셈 • **127**

13 $2\dfrac{2}{3} \div \dfrac{3}{4} =$

14 $3\dfrac{1}{4} \div \dfrac{5}{6} =$

15 $5\dfrac{2}{5} \div \dfrac{3}{7} =$

16 $2\dfrac{5}{6} \div \dfrac{3}{4} =$

17 $6\dfrac{3}{7} \div \dfrac{5}{9} =$

18 $1\dfrac{7}{8} \div \dfrac{10}{13} =$

19 $4\dfrac{2}{9} \div \dfrac{2}{7} =$

20 $6\dfrac{3}{10} \div \dfrac{7}{11} =$

21 $1\dfrac{7}{12} \div \dfrac{2}{3} =$

22 $2\dfrac{3}{14} \div \dfrac{5}{8} =$

23 $3\dfrac{1}{16} \div \dfrac{3}{4} =$

24 $5\dfrac{5}{18} \div \dfrac{7}{9} =$

25 $2\dfrac{9}{20} \div \dfrac{3}{5} =$

26 $1\dfrac{4}{21} \div \dfrac{5}{14} =$

27 $4\dfrac{4}{25} \div \dfrac{9}{10} =$

28 $6\dfrac{1}{26} \div \dfrac{8}{13} =$

29 $1\dfrac{5}{28} \div \dfrac{5}{7} =$

30 $3\dfrac{7}{30} \div \dfrac{3}{10} =$

31 $2\dfrac{3}{32} \div \dfrac{5}{8} =$

32 $5\dfrac{4}{35} \div \dfrac{4}{5} =$

33 $1\dfrac{9}{40} \div \dfrac{7}{9} =$

34 $2\dfrac{5}{42} \div \dfrac{3}{7} =$

35 $3\dfrac{1}{48} \div \dfrac{5}{6} =$

36 $4\dfrac{3}{65} \div \dfrac{2}{15} =$

이렇게
계산해요

$1\dfrac{1}{6} \div 1\dfrac{1}{2}$ 의 계산

분자끼리 나누기

방법 1 $1\dfrac{1}{6} \div 1\dfrac{1}{2} = \dfrac{7}{6} \div \dfrac{3}{2} = \dfrac{7}{6} \div \dfrac{9}{6} = 7 \div 9 = \dfrac{7}{9}$

(가분수)÷(가분수)로 바꾸기 ← → 통분하기

방법 2 $1\dfrac{1}{6} \div 1\dfrac{1}{2} = \dfrac{7}{6} \div \dfrac{3}{2} = \dfrac{7}{6} \times \dfrac{2}{3} = \dfrac{7}{9}$

나누는 분수의 분자와 분모를 바꾸어
나눗셈을 곱셈으로 나타내기

◯ ▢안에 알맞은 수를 써넣으세요.

1 $1\dfrac{2}{3} \div 1\dfrac{1}{6} = \dfrac{5}{3} \div \dfrac{7}{6} = \dfrac{\boxed{}}{6} \div \dfrac{7}{6}$

$= \boxed{} \div 7 = \dfrac{\boxed{}}{7}$

$= \dfrac{\boxed{}}{7}$

2 $1\dfrac{3}{4} \div 1\dfrac{1}{2} = \dfrac{7}{4} \div \dfrac{3}{2} = \dfrac{\boxed{}}{4} \div \dfrac{6}{4}$

$= \boxed{} \div 6 = \dfrac{\boxed{}}{6}$

$= \dfrac{\boxed{}}{6}$

3 $1\dfrac{1}{8} \div 1\dfrac{3}{4} = \dfrac{9}{8} \div \dfrac{7}{4}$

$= \dfrac{\boxed{}}{8} \div \dfrac{14}{8}$

$= \boxed{} \div 14 = \dfrac{\boxed{}}{14}$

4 $2\dfrac{5}{9} \div 2\dfrac{2}{3} = \dfrac{23}{9} \div \dfrac{8}{3}$

$= \dfrac{23}{9} \div \dfrac{\boxed{}}{9}$

$= 23 \div \boxed{} = \dfrac{23}{\boxed{}}$

5 $1\dfrac{7}{10} \div 2\dfrac{1}{5} = \dfrac{17}{10} \div \dfrac{11}{5}$

$\qquad\qquad = \dfrac{17}{10} \times \dfrac{\boxed{}}{11} = \dfrac{\boxed{}}{22}$

6 $1\dfrac{11}{15} \div 1\dfrac{2}{3} = \dfrac{26}{15} \div \dfrac{5}{3}$

$\qquad\qquad = \dfrac{26}{15} \times \dfrac{\boxed{}}{5} = \dfrac{\boxed{}}{25}$

$\qquad\qquad = \boxed{}\dfrac{\boxed{}}{25}$

7 $2\dfrac{1}{17} \div 2\dfrac{1}{2} = \dfrac{35}{17} \div \dfrac{5}{2}$

$\qquad\qquad = \dfrac{35}{17} \times \dfrac{\boxed{}}{5} = \dfrac{\boxed{}}{17}$

8 $2\dfrac{4}{25} \div 1\dfrac{1}{5} = \dfrac{54}{25} \div \dfrac{6}{5}$

$\qquad\qquad = \dfrac{54}{25} \times \dfrac{\boxed{}}{6}$

$\qquad\qquad = \dfrac{\boxed{}}{5} = \boxed{}\dfrac{\boxed{}}{5}$

9 $1\dfrac{5}{28} \div 1\dfrac{4}{7} = \dfrac{33}{28} \div \dfrac{11}{7}$

$\qquad\qquad = \dfrac{33}{28} \times \dfrac{\boxed{}}{11} = \dfrac{\boxed{}}{4}$

10 $2\dfrac{17}{30} \div 1\dfrac{2}{5} = \dfrac{77}{30} \div \dfrac{7}{5}$

$\qquad\qquad = \dfrac{77}{30} \times \dfrac{\boxed{}}{7} = \dfrac{\boxed{}}{6}$

$\qquad\qquad = \boxed{}\dfrac{\boxed{}}{6}$

11 $1\dfrac{13}{36} \div 1\dfrac{7}{9} = \dfrac{49}{36} \div \dfrac{16}{9}$

$\qquad\qquad = \dfrac{49}{36} \times \dfrac{\boxed{}}{16} = \dfrac{\boxed{}}{64}$

12 $1\dfrac{43}{45} \div 1\dfrac{3}{5} = \dfrac{88}{45} \div \dfrac{8}{5}$

$\qquad\qquad = \dfrac{88}{45} \times \dfrac{\boxed{}}{8}$

$\qquad\qquad = \dfrac{\boxed{}}{9} = \boxed{}\dfrac{\boxed{}}{9}$

13 $2\dfrac{1}{2} \div 1\dfrac{3}{4} =$

19 $6\dfrac{7}{8} \div 2\dfrac{2}{9} =$

14 $4\dfrac{2}{3} \div 2\dfrac{5}{9} =$

20 $1\dfrac{5}{9} \div 2\dfrac{1}{3} =$

15 $3\dfrac{3}{4} \div 1\dfrac{1}{2} =$

21 $2\dfrac{1}{10} \div 1\dfrac{2}{5} =$

16 $1\dfrac{4}{5} \div 1\dfrac{2}{3} =$

22 $3\dfrac{5}{12} \div 2\dfrac{5}{6} =$

17 $5\dfrac{1}{6} \div 4\dfrac{1}{2} =$

23 $4\dfrac{4}{13} \div 1\dfrac{1}{7} =$

18 $3\dfrac{3}{7} \div 1\dfrac{4}{5} =$

24 $5\dfrac{5}{14} \div 6\dfrac{1}{4} =$

25 $2\dfrac{7}{16} \div 3\dfrac{3}{8} =$

26 $1\dfrac{7}{18} \div 1\dfrac{2}{3} =$

27 $2\dfrac{9}{20} \div 1\dfrac{3}{4} =$

28 $1\dfrac{5}{22} \div 3\dfrac{3}{4} =$

29 $4\dfrac{2}{25} \div 1\dfrac{3}{5} =$

30 $2\dfrac{4}{27} \div 1\dfrac{2}{9} =$

31 $1\dfrac{11}{29} \div 2\dfrac{1}{7} =$

32 $3\dfrac{2}{31} \div 1\dfrac{2}{3} =$

33 $1\dfrac{9}{35} \div 2\dfrac{2}{5} =$

34 $2\dfrac{7}{40} \div 1\dfrac{3}{20} =$

35 $1\dfrac{23}{48} \div 1\dfrac{5}{12} =$

36 $1\dfrac{3}{55} \div 1\dfrac{1}{5} =$

● 계산하여 기약분수로 나타내어 보세요.

1 $\dfrac{3}{4} \div 6 =$

2 $\dfrac{4}{5} \div \dfrac{2}{5} =$

3 $10 \div \dfrac{5}{6} =$

4 $\dfrac{7}{6} \times 3 \div 2 =$

5 $\dfrac{11}{8} \div \dfrac{3}{4} =$

6 $\dfrac{8}{9} \div \dfrac{2}{3} =$

7 $1\dfrac{7}{10} \div \dfrac{1}{2} =$

8 $3\dfrac{4}{11} \div 5 =$

9 $\dfrac{25}{12} \div \dfrac{5}{8} =$

10 $4\dfrac{1}{14} \div 1\dfrac{2}{7} =$

11 $2\dfrac{14}{15} \div 3 \div 4 =$

12 $\dfrac{19}{16} \div 3 \times 8 =$

$9 \div \dfrac{5}{18} =$

19 $\dfrac{28}{25} \div 7 =$

14 $\dfrac{19}{20} \div \dfrac{3}{4} =$

20 $1\dfrac{9}{26} \div 1\dfrac{7}{8} =$

15 $\dfrac{16}{21} \div 10 \times 14 =$

21 $3\dfrac{1}{27} \div 2 \div 2 =$

16 $2\dfrac{13}{22} \div \dfrac{5}{6} =$

22 $\dfrac{45}{28} \div \dfrac{3}{7} =$

17 $1\dfrac{7}{23} \div 6 =$

23 $3\dfrac{7}{30} \div 1\dfrac{3}{5} =$

18 $\dfrac{23}{24} \div \dfrac{7}{24} =$

24 $\dfrac{27}{32} \div \dfrac{15}{28} =$

아이와 평생
함께할 습관을
만듭니다.

아이스크림 홈런 2.0
공부를 좋아하는 습관

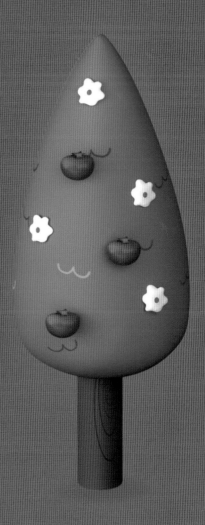

기본을 단단하게
나만의 속도로
무엇보다 재미있게

아이스크림 더연산

정답

초5 ➕ 초6

- 분수의 덧셈과 뺄셈
- 분수의 곱셈
- 분수의 나눗셈

i-Scream edu

01 DAY 크기가 같은 분수

정답 1쪽 | 맞힌 개수: /42

분모와 분자에 각각 0이 아닌 같은 수를 곱하면 크기가 같은 분수가 돼요.

$$\frac{1}{2} = \frac{2}{4} = \frac{3}{6} = \frac{4}{8} = \cdots$$

분모와 분자를 각각 0이 아닌 같은 수로 나누면 크기가 같은 분수가 돼요.

$$\frac{12}{36} = \frac{6}{18} = \frac{4}{12} = \frac{3}{9} = \cdots$$

● 크기가 같은 분수가 되도록 □ 안에 알맞은 수를 써넣으세요.

1 $\frac{1}{3} = \frac{2}{6}$ (×2)

2 $\frac{1}{4} = \frac{4}{16}$ (×4)

3 $\frac{2}{5} = \frac{6}{15}$ (×3)

4 $\frac{5}{6} = \frac{20}{24}$ (×4)

5 $\frac{4}{7} = \frac{12}{21}$ (×3)

6 $\frac{3}{8} = \frac{6}{16}$ (×2)

7 $\frac{7}{9} = \frac{35}{45}$ (×5)

8 $\frac{11}{13} = \frac{22}{26}$ (×2)

9 $\frac{4}{8} = \frac{1}{2}$ (÷4)

10 $\frac{6}{10} = \frac{3}{5}$ (÷2)

11 $\frac{9}{12} = \frac{3}{4}$ (÷3)

12 $\frac{5}{15} = \frac{1}{3}$ (÷5)

13 $\frac{16}{20} = \frac{8}{10}$ (÷2)

14 $\frac{12}{24} = \frac{2}{4}$ (÷6)

15 $\frac{9}{27} = \frac{3}{9}$ (÷3)

16 $\frac{20}{30} = \frac{4}{6}$ (÷5)

17 $\frac{8}{32} = \frac{2}{8}$ (÷4)

18 $\frac{14}{35} = \frac{2}{5}$ (÷7)

10 · 더 연산 분수 B

1. 약분과 통분 · 11

● 분모와 분자에 각각 0이 아닌 같은 수를 곱하여 크기가 같은 분수를 분모가 작은 것부터 차례로 2개 써 보세요.

19 $\frac{2}{3}$ → ($\frac{4}{6}$, $\frac{6}{9}$)

20 $\frac{3}{4}$ → ($\frac{6}{8}$, $\frac{9}{12}$)

21 $\frac{5}{7}$ → ($\frac{10}{14}$, $\frac{15}{21}$)

22 $\frac{7}{8}$ → ($\frac{14}{16}$, $\frac{21}{24}$)

23 $\frac{3}{10}$ → ($\frac{6}{20}$, $\frac{9}{30}$)

24 $\frac{7}{12}$ → ($\frac{14}{24}$, $\frac{21}{36}$)

25 $\frac{4}{15}$ → ($\frac{8}{30}$, $\frac{12}{45}$)

26 $\frac{3}{17}$ → ($\frac{6}{34}$, $\frac{9}{51}$)

27 $\frac{9}{20}$ → ($\frac{18}{40}$, $\frac{27}{60}$)

28 $\frac{6}{23}$ → ($\frac{12}{46}$, $\frac{18}{69}$)

29 $\frac{11}{25}$ → ($\frac{22}{50}$, $\frac{33}{75}$)

30 $\frac{9}{28}$ → ($\frac{18}{56}$, $\frac{27}{84}$)

● 분모와 분자를 각각 0이 아닌 같은 수로 나누어 크기가 같은 분수를 분모가 큰 것부터 차례로 2개 써 보세요.

31 $\frac{8}{12}$ → ($\frac{4}{6}$, $\frac{2}{3}$)

32 $\frac{4}{16}$ → ($\frac{2}{8}$, $\frac{1}{4}$)

33 $\frac{18}{24}$ → ($\frac{9}{12}$, $\frac{6}{8}$)

34 $\frac{20}{28}$ → ($\frac{10}{14}$, $\frac{5}{7}$)

35 $\frac{6}{30}$ → ($\frac{3}{15}$, $\frac{2}{10}$)

36 $\frac{16}{36}$ → ($\frac{8}{18}$, $\frac{4}{9}$)

37 $\frac{27}{45}$ → ($\frac{9}{15}$, $\frac{3}{5}$)

38 $\frac{36}{54}$ → ($\frac{18}{27}$, $\frac{12}{18}$)

39 $\frac{50}{60}$ → ($\frac{25}{30}$, $\frac{10}{12}$)

40 $\frac{42}{72}$ → ($\frac{21}{36}$, $\frac{14}{24}$)

41 $\frac{64}{88}$ → ($\frac{32}{44}$, $\frac{16}{22}$)

42 $\frac{45}{90}$ → ($\frac{15}{30}$, $\frac{9}{18}$)

12 · 더 연산 분수 B

1. 약분과 통분 · 13

DAY 02 약분

- $\dfrac{8}{12}$을 약분하기
  → 분모와 분자를 공약수로 나누어 간단히 나타내는 것

$$\dfrac{8}{12}=\dfrac{8\div2}{12\div2}=\dfrac{4}{6} \rightarrow \dfrac{\overset{4}{\cancel{8}}}{\underset{6}{\cancel{12}}}=\dfrac{4}{6}$$
→ 12와 8의 공약수 2로 나누기

$$\dfrac{8}{12}=\dfrac{8\div4}{12\div4}=\dfrac{2}{3} \rightarrow \dfrac{\overset{2}{\cancel{8}}}{\underset{3}{\cancel{12}}}=\dfrac{2}{3}$$
→ 12와 8의 공약수 4로 나누기

- $\dfrac{8}{12}$을 기약분수로 나타내기
  → 분모와 분자의 공약수가 1뿐인 분수

$$\dfrac{8}{12}=\dfrac{8\div4}{12\div4}=\dfrac{2}{3} \rightarrow \dfrac{\overset{2}{\cancel{8}}}{\underset{3}{\cancel{12}}}=\dfrac{2}{3}$$
→ 12와 8의 최대공약수 4로 나누기

● 분수를 약분하려고 합니다. ☐안에 알맞은 수를 써넣으세요.

1 $\dfrac{2}{4}=\dfrac{2\div2}{4\div2}=\dfrac{1}{2}$

2 $\dfrac{4}{6}=\dfrac{4\div2}{6\div2}=\dfrac{2}{3}$

3 $\dfrac{3}{9}=\dfrac{3\div3}{9\div3}=\dfrac{1}{3}$

4 $\dfrac{8}{10}=\dfrac{8\div2}{10\div2}=\dfrac{4}{5}$

5 $\dfrac{10}{14}=\dfrac{10\div2}{14\div2}=\dfrac{5}{7}$

6 $\dfrac{12}{16}=\dfrac{12\div4}{16\div4}=\dfrac{3}{4}$

7 $\dfrac{15}{18}=\dfrac{15\div3}{18\div3}=\dfrac{5}{6}$

8 $\dfrac{14}{21}=\dfrac{14\div7}{21\div7}=\dfrac{2}{3}$

● 분수를 기약분수로 나타내려고 합니다. ☐안에 알맞은 수를 써넣으세요.

9 $\dfrac{6}{9}=\dfrac{6\div3}{9\div3}=\dfrac{2}{3}$

10 $\dfrac{6}{10}=\dfrac{6\div2}{10\div2}=\dfrac{3}{5}$

11 $\dfrac{8}{14}=\dfrac{8\div2}{14\div2}=\dfrac{4}{7}$

12 $\dfrac{12}{15}=\dfrac{12\div3}{15\div3}=\dfrac{4}{5}$

13 $\dfrac{8}{20}=\dfrac{8\div4}{20\div4}=\dfrac{2}{5}$

14 $\dfrac{24}{27}=\dfrac{24\div3}{27\div3}=\dfrac{8}{9}$

15 $\dfrac{18}{30}=\dfrac{18\div6}{30\div6}=\dfrac{3}{5}$

16 $\dfrac{24}{32}=\dfrac{24\div8}{32\div8}=\dfrac{3}{4}$

17 $\dfrac{20}{36}=\dfrac{20\div4}{36\div4}=\dfrac{5}{9}$

18 $\dfrac{32}{40}=\dfrac{32\div8}{40\div8}=\dfrac{4}{5}$

● 약분한 분수를 모두 써 보세요.

19 $\dfrac{4}{8} \rightarrow \left(\dfrac{2}{4}, \dfrac{1}{2} \right)$

20 $\dfrac{6}{12} \rightarrow \left(\dfrac{3}{6}, \dfrac{2}{4}, \dfrac{1}{2} \right)$

21 $\dfrac{12}{20} \rightarrow \left(\dfrac{6}{10}, \dfrac{3}{5} \right)$

22 $\dfrac{9}{27} \rightarrow \left(\dfrac{3}{9}, \dfrac{1}{3} \right)$

23 $\dfrac{20}{30} \rightarrow \left(\dfrac{10}{15}, \dfrac{4}{6}, \dfrac{2}{3} \right)$

24 $\dfrac{27}{36} \rightarrow \left(\dfrac{9}{12}, \dfrac{3}{4} \right)$

25 $\dfrac{22}{44} \rightarrow \left(\dfrac{11}{22}, \dfrac{2}{4}, \dfrac{1}{2} \right)$

26 $\dfrac{36}{54} \rightarrow \left(\dfrac{18}{27}, \dfrac{12}{18}, \dfrac{6}{9}, \dfrac{4}{6}, \dfrac{2}{3} \right)$

27 $\dfrac{27}{63} \rightarrow \left(\dfrac{9}{21}, \dfrac{3}{7} \right)$

28 $\dfrac{54}{72} \rightarrow \left(\dfrac{27}{36}, \dfrac{18}{24}, \dfrac{9}{12}, \dfrac{6}{8}, \dfrac{3}{4} \right)$

29 $\dfrac{60}{80} \rightarrow \left(\dfrac{30}{40}, \dfrac{15}{20}, \dfrac{12}{16}, \dfrac{6}{8}, \dfrac{3}{4} \right)$

30 $\dfrac{45}{99} \rightarrow \left(\dfrac{15}{33}, \dfrac{5}{11} \right)$

● 기약분수로 나타내어 보세요.

31 $\dfrac{6}{8} \rightarrow \left(\dfrac{3}{4} \right)$

32 $\dfrac{5}{15} \rightarrow \left(\dfrac{1}{3} \right)$

33 $\dfrac{11}{22} \rightarrow \left(\dfrac{1}{2} \right)$

34 $\dfrac{16}{28} \rightarrow \left(\dfrac{4}{7} \right)$

35 $\dfrac{17}{34} \rightarrow \left(\dfrac{1}{2} \right)$

36 $\dfrac{20}{44} \rightarrow \left(\dfrac{5}{11} \right)$

37 $\dfrac{18}{45} \rightarrow \left(\dfrac{2}{5} \right)$

38 $\dfrac{35}{50} \rightarrow \left(\dfrac{7}{10} \right)$

39 $\dfrac{40}{64} \rightarrow \left(\dfrac{5}{8} \right)$

40 $\dfrac{50}{72} \rightarrow \left(\dfrac{25}{36} \right)$

41 $\dfrac{28}{84} \rightarrow \left(\dfrac{1}{3} \right)$

42 $\dfrac{65}{91} \rightarrow \left(\dfrac{5}{7} \right)$

DAY 03 통분

정답 3쪽 | 맞힌 개수: /38

$\frac{3}{4}$과 $\frac{5}{6}$를 통분하기
→ 분수의 분모를 같게 만드는 것

방법 1 $\left(\frac{3}{4}, \frac{5}{6}\right)$ → $\left(\frac{3\times6}{4\times6}, \frac{5\times4}{6\times4}\right)$ → $\left(\frac{18}{24}, \frac{20}{24}\right)$
→ 두 분모의 곱 4×6=24로 통분하기

방법 2 $\left(\frac{3}{4}, \frac{5}{6}\right)$ → $\left(\frac{3\times3}{4\times3}, \frac{5\times2}{6\times2}\right)$ → $\left(\frac{9}{12}, \frac{10}{12}\right)$
→ 두 분모의 최소공배수 12로 통분하기

● 두 분모의 곱을 공통분모로 하여 통분하려고 합니다. ☐안에 알맞은 수를 써넣으세요.

1 $\left(\frac{1}{2}, \frac{2}{3}\right)$ → $\left(\frac{1\times3}{2\times3}, \frac{2\times2}{3\times2}\right)$ → $\left(\frac{3}{6}, \frac{4}{6}\right)$

2 $\left(\frac{3}{5}, \frac{4}{7}\right)$ → $\left(\frac{3\times7}{5\times7}, \frac{4\times5}{7\times5}\right)$ → $\left(\frac{21}{35}, \frac{20}{35}\right)$

3 $\left(\frac{1}{6}, \frac{7}{9}\right)$ → $\left(\frac{1\times9}{6\times9}, \frac{7\times6}{9\times6}\right)$ → $\left(\frac{9}{54}, \frac{42}{54}\right)$

4 $\left(\frac{5}{8}, \frac{5}{6}\right)$ → $\left(\frac{5\times6}{8\times6}, \frac{5\times8}{6\times8}\right)$ → $\left(\frac{30}{48}, \frac{40}{48}\right)$

5 $\left(\frac{8}{9}, \frac{1}{4}\right)$ → $\left(\frac{8\times4}{9\times4}, \frac{1\times9}{4\times9}\right)$ → $\left(\frac{32}{36}, \frac{9}{36}\right)$

6 $\left(\frac{7}{10}, \frac{4}{5}\right)$ → $\left(\frac{7\times5}{10\times5}, \frac{4\times10}{5\times10}\right)$ → $\left(\frac{35}{50}, \frac{40}{50}\right)$

● 두 분모의 최소공배수를 공통분모로 하여 통분하려고 합니다. ☐안에 알맞은 수를 써넣으세요.

7 $\left(\frac{3}{4}, \frac{1}{6}\right)$ → $\left(\frac{3\times3}{4\times3}, \frac{1\times2}{6\times2}\right)$ → $\left(\frac{9}{12}, \frac{2}{12}\right)$

8 $\left(\frac{7}{8}, \frac{1}{12}\right)$ → $\left(\frac{7\times3}{8\times3}, \frac{1\times2}{12\times2}\right)$ → $\left(\frac{21}{24}, \frac{2}{24}\right)$

9 $\left(\frac{4}{9}, \frac{7}{12}\right)$ → $\left(\frac{4\times4}{9\times4}, \frac{7\times3}{12\times3}\right)$ → $\left(\frac{16}{36}, \frac{21}{36}\right)$

10 $\left(\frac{9}{14}, \frac{5}{21}\right)$ → $\left(\frac{9\times3}{14\times3}, \frac{5\times2}{21\times2}\right)$ → $\left(\frac{27}{42}, \frac{10}{42}\right)$

11 $\left(\frac{4}{15}, \frac{4}{9}\right)$ → $\left(\frac{4\times3}{15\times3}, \frac{4\times5}{9\times5}\right)$ → $\left(\frac{12}{45}, \frac{20}{45}\right)$

12 $\left(\frac{15}{16}, \frac{7}{12}\right)$ → $\left(\frac{15\times3}{16\times3}, \frac{7\times4}{12\times4}\right)$ → $\left(\frac{45}{48}, \frac{28}{48}\right)$

13 $\left(\frac{9}{20}, \frac{11}{15}\right)$ → $\left(\frac{9\times3}{20\times3}, \frac{11\times4}{15\times4}\right)$ → $\left(\frac{27}{60}, \frac{44}{60}\right)$

14 $\left(\frac{14}{25}, \frac{9}{10}\right)$ → $\left(\frac{14\times2}{25\times2}, \frac{9\times5}{10\times5}\right)$ → $\left(\frac{28}{50}, \frac{45}{50}\right)$

정답 3쪽

● 두 분모의 곱을 공통분모로 하여 통분해 보세요.

15 $\left(\frac{1}{2}, \frac{4}{5}\right)$ → $\left(\frac{5}{10}, \frac{8}{10}\right)$

16 $\left(\frac{2}{3}, \frac{1}{7}\right)$ → $\left(\frac{14}{21}, \frac{3}{21}\right)$

17 $\left(\frac{4}{5}, \frac{5}{9}\right)$ → $\left(\frac{36}{45}, \frac{25}{45}\right)$

18 $\left(\frac{5}{7}, \frac{5}{6}\right)$ → $\left(\frac{30}{42}, \frac{35}{42}\right)$

19 $\left(\frac{5}{9}, \frac{1}{10}\right)$ → $\left(\frac{50}{90}, \frac{9}{90}\right)$

20 $\left(\frac{2}{11}, \frac{1}{3}\right)$ → $\left(\frac{6}{33}, \frac{11}{33}\right)$

21 $\left(\frac{5}{12}, \frac{1}{4}\right)$ → $\left(\frac{20}{48}, \frac{12}{48}\right)$

22 $\left(\frac{9}{14}, \frac{3}{5}\right)$ → $\left(\frac{45}{70}, \frac{42}{70}\right)$

23 $\left(\frac{7}{16}, \frac{5}{8}\right)$ → $\left(\frac{56}{128}, \frac{80}{128}\right)$

24 $\left(\frac{7}{18}, \frac{1}{4}\right)$ → $\left(\frac{28}{72}, \frac{18}{72}\right)$

25 $\left(\frac{8}{21}, \frac{2}{3}\right)$ → $\left(\frac{24}{63}, \frac{42}{63}\right)$

26 $\left(\frac{11}{24}, \frac{1}{2}\right)$ → $\left(\frac{22}{48}, \frac{24}{48}\right)$

● 두 분모의 최소공배수를 공통분모로 하여 통분해 보세요.

27 $\left(\frac{1}{3}, \frac{8}{9}\right)$ → $\left(\frac{3}{9}, \frac{8}{9}\right)$

28 $\left(\frac{1}{4}, \frac{3}{8}\right)$ → $\left(\frac{2}{8}, \frac{3}{8}\right)$

29 $\left(\frac{5}{6}, \frac{7}{8}\right)$ → $\left(\frac{20}{24}, \frac{21}{24}\right)$

30 $\left(\frac{4}{7}, \frac{10}{21}\right)$ → $\left(\frac{12}{21}, \frac{10}{21}\right)$

31 $\left(\frac{7}{8}, \frac{9}{10}\right)$ → $\left(\frac{35}{40}, \frac{36}{40}\right)$

32 $\left(\frac{1}{10}, \frac{8}{15}\right)$ → $\left(\frac{3}{30}, \frac{16}{30}\right)$

33 $\left(\frac{4}{13}, \frac{1}{4}\right)$ → $\left(\frac{16}{52}, \frac{13}{52}\right)$

34 $\left(\frac{8}{15}, \frac{2}{9}\right)$ → $\left(\frac{24}{45}, \frac{10}{45}\right)$

35 $\left(\frac{7}{16}, \frac{1}{2}\right)$ → $\left(\frac{7}{16}, \frac{8}{16}\right)$

36 $\left(\frac{9}{22}, \frac{7}{11}\right)$ → $\left(\frac{9}{22}, \frac{14}{22}\right)$

37 $\left(\frac{5}{24}, \frac{5}{18}\right)$ → $\left(\frac{15}{72}, \frac{20}{72}\right)$

38 $\left(\frac{8}{25}, \frac{13}{20}\right)$ → $\left(\frac{32}{100}, \frac{65}{100}\right)$

DAY 04 분수와 소수의 크기 비교

정답 4쪽 | 맞힌 개수: /39

이렇게 계산해요

- $\frac{2}{3}$와 $\frac{3}{4}$의 크기 비교

$$\left(\frac{2}{3}, \frac{3}{4}\right) \rightarrow \left(\frac{8}{12}, \frac{9}{12}\right) \rightarrow \frac{2}{3} < \frac{3}{4}$$

통분하기

- $\frac{1}{5}$과 0.4의 크기 비교

방법 1 $\left(\frac{1}{5}, 0.4\right) \rightarrow (0.2, 0.4) \rightarrow \frac{1}{5} < 0.4$

분수를 소수로 바꾸기

방법 2 $\left(\frac{1}{5}, 0.4\right) \rightarrow \left(\frac{1}{5}, \frac{2}{5}\right) \rightarrow \frac{1}{5} < 0.4$

소수를 분수로 바꾸기

● 두 분수의 크기를 비교해 보세요.

1 $\left(\frac{1}{2}, \frac{2}{3}\right) \rightarrow \left(\boxed{\frac{3}{6}}, \boxed{\frac{4}{6}}\right)$
$\rightarrow \frac{1}{2} < \frac{2}{3}$

2 $\left(\frac{1}{3}, \frac{2}{5}\right) \rightarrow \left(\boxed{\frac{5}{15}}, \boxed{\frac{6}{15}}\right)$
$\rightarrow \frac{1}{3} < \frac{2}{5}$

3 $\left(\frac{3}{4}, \frac{7}{8}\right) \rightarrow \left(\boxed{\frac{6}{8}}, \boxed{\frac{7}{8}}\right)$
$\rightarrow \frac{3}{4} < \frac{7}{8}$

4 $\left(\frac{5}{6}, \frac{4}{9}\right) \rightarrow \left(\boxed{\frac{15}{18}}, \boxed{\frac{8}{18}}\right)$
$\rightarrow \frac{5}{6} > \frac{4}{9}$

5 $\left(\frac{2}{7}, \frac{2}{9}\right) \rightarrow \left(\boxed{\frac{18}{63}}, \boxed{\frac{14}{63}}\right)$
$\rightarrow \frac{2}{7} > \frac{2}{9}$

6 $\left(\frac{5}{8}, \frac{5}{12}\right) \rightarrow \left(\boxed{\frac{15}{24}}, \boxed{\frac{10}{24}}\right)$
$\rightarrow \frac{5}{8} > \frac{5}{12}$

● 분수와 소수의 크기를 비교해 보세요.

7 $\left(\frac{1}{2}, 0.6\right) \rightarrow \left(\boxed{0.5}, 0.6\right)$
$\rightarrow \frac{1}{2} < 0.6$

8 $\left(\frac{3}{4}, 0.65\right) \rightarrow \left(\boxed{0.75}, 0.65\right)$
$\rightarrow \frac{3}{4} > 0.65$

9 $\left(\frac{2}{5}, 0.9\right) \rightarrow \left(\boxed{0.4}, 0.9\right)$
$\rightarrow \frac{2}{5} < 0.9$

10 $\left(\frac{7}{10}, 0.8\right) \rightarrow \left(\boxed{0.7}, 0.8\right)$
$\rightarrow \frac{7}{10} < 0.8$

11 $\left(\frac{7}{20}, 0.33\right) \rightarrow \left(\boxed{0.35}, 0.33\right)$
$\rightarrow \frac{7}{20} > 0.33$

12 $\left(0.3, \frac{2}{5}\right) \rightarrow \left(\boxed{\frac{3}{10}}, \frac{2}{5}\right)$
$\rightarrow \left(\boxed{\frac{3}{10}}, \boxed{\frac{4}{10}}\right)$
$\rightarrow 0.3 < \frac{2}{5}$

13 $\left(0.7, \frac{9}{10}\right) \rightarrow \left(\boxed{\frac{7}{10}}, \frac{9}{10}\right)$
$\rightarrow 0.7 < \frac{9}{10}$

14 $\left(0.47, \frac{9}{20}\right) \rightarrow \left(\boxed{\frac{47}{100}}, \frac{9}{20}\right)$
$\rightarrow \left(\boxed{\frac{47}{100}}, \boxed{\frac{45}{100}}\right)$
$\rightarrow 0.47 > \frac{9}{20}$

15 $\left(0.85, \frac{22}{25}\right) \rightarrow \left(\boxed{\frac{85}{100}}, \frac{22}{25}\right)$
$\rightarrow \left(\boxed{\frac{85}{100}}, \boxed{\frac{88}{100}}\right)$
$\rightarrow 0.85 < \frac{22}{25}$

정답 4쪽

● 두 분수의 크기를 비교하여 ○ 안에 >, =, <를 알맞게 써넣으세요.

16 $\frac{2}{3} < \frac{4}{5}$

17 $\frac{5}{6} > \frac{7}{10}$

18 $\frac{5}{9} > \frac{7}{18}$

19 $\frac{7}{10} < \frac{3}{4}$

20 $\frac{5}{12} > \frac{3}{8}$

21 $\frac{11}{15} < \frac{9}{10}$

22 $\frac{11}{21} > \frac{7}{18}$

23 $\frac{15}{28} < \frac{4}{7}$

24 $\frac{19}{32} > \frac{7}{24}$

25 $\frac{23}{36} < \frac{13}{18}$

26 $\frac{16}{45} < \frac{8}{15}$

27 $\frac{13}{50} < \frac{3}{10}$

● 분수와 소수의 크기를 비교하여 ○ 안에 >, =, <를 알맞게 써넣으세요.

28 $\frac{1}{2} < 0.9$

29 $\frac{1}{4} > 0.15$

30 $\frac{3}{5} > 0.5$

31 $\frac{17}{20} < 0.89$

32 $\frac{14}{25} < 0.57$

33 $\frac{19}{50} < 0.4$

34 $0.15 > \frac{1}{8}$

35 $0.3 < \frac{7}{10}$

36 $0.42 < \frac{27}{50}$

37 $0.64 < \frac{3}{4}$

38 $0.73 < \frac{4}{5}$

39 $0.97 > \frac{19}{20}$

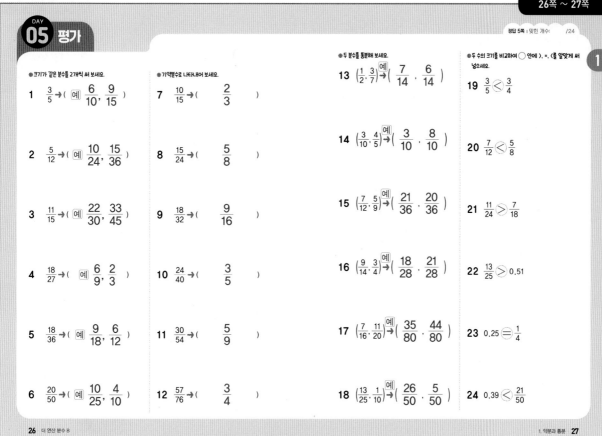

DAY 06 (진분수)+(진분수)
: 합이 1보다 작은 경우

정답 6쪽 | 맞힌 개수: /38

어떻게 계산하지? $\frac{1}{6}+\frac{3}{4}$의 계산

방법 1 $\frac{1}{6}+\frac{3}{4}=\frac{1\times4}{6\times4}+\frac{3\times6}{4\times6}=\frac{4}{24}+\frac{18}{24}=\frac{22}{24}=\frac{11}{12}$

기약분수로 나타내기 →

→ 두 분모의 곱을 이용하여 통분하기

방법 2 $\frac{1}{6}+\frac{3}{4}=\frac{1\times2}{6\times2}+\frac{3\times3}{4\times3}=\frac{2}{12}+\frac{9}{12}=\frac{11}{12}$

→ 두 분모의 최소공배수를 이용하여 통분하기

● □안에 알맞은 수를 써넣으세요.

1. $\frac{1}{3}+\frac{1}{2}=\frac{2}{6}+\frac{3}{6}=\frac{5}{6}$

2. $\frac{2}{5}+\frac{3}{10}=\frac{20}{50}+\frac{15}{50}$
$=\frac{35}{50}=\frac{7}{10}$

3. $\frac{2}{7}+\frac{3}{8}=\frac{16}{56}+\frac{21}{56}$
$=\frac{37}{56}$

4. $\frac{1}{8}+\frac{1}{3}=\frac{3}{24}+\frac{8}{24}=\frac{11}{24}$

5. $\frac{7}{10}+\frac{2}{15}=\frac{105}{150}+\frac{20}{150}$
$=\frac{125}{150}=\frac{5}{6}$

6. $\frac{7}{12}+\frac{1}{5}=\frac{35}{60}+\frac{12}{60}$
$=\frac{47}{60}$

7. $\frac{7}{16}+\frac{1}{6}=\frac{21}{48}+\frac{8}{48}$
$=\frac{29}{48}$

8. $\frac{11}{18}+\frac{1}{12}=\frac{22}{36}+\frac{3}{36}$
$=\frac{25}{36}$

9. $\frac{8}{21}+\frac{2}{7}=\frac{8}{21}+\frac{6}{21}$
$=\frac{14}{21}=\frac{2}{3}$

10. $\frac{7}{24}+\frac{1}{8}=\frac{7}{24}+\frac{3}{24}$
$=\frac{10}{24}=\frac{5}{12}$

11. $\frac{4}{25}+\frac{3}{10}=\frac{8}{50}+\frac{15}{50}$
$=\frac{23}{50}$

12. $\frac{11}{30}+\frac{11}{20}=\frac{22}{60}+\frac{33}{60}$
$=\frac{55}{60}=\frac{11}{12}$

13. $\frac{5}{33}+\frac{7}{22}=\frac{10}{66}+\frac{21}{66}$
$=\frac{31}{66}$

14. $\frac{13}{36}+\frac{7}{24}=\frac{26}{72}+\frac{21}{72}$
$=\frac{47}{72}$

● 계산하여 기약분수로 나타내어 보세요.

15. $\frac{1}{3}+\frac{1}{6}=\frac{1}{2}$

16. $\frac{3}{4}+\frac{1}{8}=\frac{7}{8}$

17. $\frac{1}{5}+\frac{1}{2}=\frac{7}{10}$

18. $\frac{1}{6}+\frac{5}{12}=\frac{7}{12}$

19. $\frac{4}{7}+\frac{2}{5}=\frac{34}{35}$

20. $\frac{3}{8}+\frac{1}{10}=\frac{19}{40}$

21. $\frac{6}{11}+\frac{5}{22}=\frac{17}{22}$

22. $\frac{7}{12}+\frac{1}{20}=\frac{19}{30}$

23. $\frac{5}{14}+\frac{2}{21}=\frac{19}{42}$

24. $\frac{4}{15}+\frac{2}{3}=\frac{14}{15}$

25. $\frac{7}{16}+\frac{3}{20}=\frac{47}{80}$

26. $\frac{5}{18}+\frac{1}{4}=\frac{19}{36}$

27. $\frac{3}{20}+\frac{5}{6}=\frac{59}{60}$

28. $\frac{4}{21}+\frac{3}{14}=\frac{17}{42}$

29. $\frac{7}{22}+\frac{3}{8}=\frac{61}{88}$

30. $\frac{11}{24}+\frac{3}{8}=\frac{5}{6}$

31. $\frac{6}{25}+\frac{7}{20}=\frac{59}{100}$

32. $\frac{10}{27}+\frac{5}{18}=\frac{35}{54}$

33. $\frac{5}{28}+\frac{3}{4}=\frac{13}{14}$

34. $\frac{15}{32}+\frac{5}{12}=\frac{85}{96}$

35. $\frac{7}{33}+\frac{2}{11}=\frac{13}{33}$

36. $\frac{12}{35}+\frac{2}{5}=\frac{26}{35}$

37. $\frac{11}{36}+\frac{7}{20}=\frac{59}{90}$

38. $\frac{9}{40}+\frac{5}{24}=\frac{13}{30}$

DAY 07 (진분수)+(진분수)

: 합이 1보다 큰 경우

이렇게 계산해요

$\dfrac{5}{6}+\dfrac{7}{9}$의 계산

대분수로 나타내기

방법 1 $\dfrac{5}{6}+\dfrac{7}{9}=\dfrac{5\times9}{6\times9}+\dfrac{7\times6}{9\times6}=\dfrac{45}{54}+\dfrac{42}{54}=\dfrac{87}{54}=1\dfrac{33}{54}=1\dfrac{11}{18}$

↳ 두 분모의 곱을 이용하여 통분하기

방법 2 $\dfrac{5}{6}+\dfrac{7}{9}=\dfrac{5\times3}{6\times3}+\dfrac{7\times2}{9\times2}=\dfrac{15}{18}+\dfrac{14}{18}=\dfrac{29}{18}=1\dfrac{11}{18}$

↳ 두 분모의 최소공배수를 이용하여 통분하기

● □ 안에 알맞은 수를 써넣으세요.

1. $\dfrac{2}{3}+\dfrac{5}{8}=\dfrac{16}{24}+\dfrac{15}{24}$

   $=\dfrac{31}{24}=1\dfrac{7}{24}$

2. $\dfrac{3}{4}+\dfrac{9}{10}=\dfrac{30}{40}+\dfrac{36}{40}$

   $=\dfrac{66}{40}=1\dfrac{26}{40}$

   $=1\dfrac{13}{20}$

3. $\dfrac{4}{5}+\dfrac{5}{6}=\dfrac{24}{30}+\dfrac{25}{30}$

   $=\dfrac{49}{30}=1\dfrac{19}{30}$

4. $\dfrac{7}{8}+\dfrac{7}{10}=\dfrac{70}{80}+\dfrac{56}{80}$

   $=\dfrac{126}{80}=1\dfrac{46}{80}$

   $=1\dfrac{23}{40}$

5. $\dfrac{11}{12}+\dfrac{1}{6}=\dfrac{11}{12}+\dfrac{2}{12}$

   $=\dfrac{13}{12}=1\dfrac{1}{12}$

6. $\dfrac{11}{14}+\dfrac{19}{21}=\dfrac{33}{42}+\dfrac{38}{42}$

   $=\dfrac{71}{42}=1\dfrac{29}{42}$

7. $\dfrac{15}{16}+\dfrac{17}{24}=\dfrac{45}{48}+\dfrac{34}{48}$

   $=\dfrac{79}{48}=1\dfrac{31}{48}$

8. $\dfrac{17}{20}+\dfrac{17}{30}=\dfrac{51}{60}+\dfrac{34}{60}$

   $=\dfrac{85}{60}=1\dfrac{25}{60}$

   $=1\dfrac{5}{12}$

9. $\dfrac{18}{25}+\dfrac{47}{50}=\dfrac{36}{50}+\dfrac{47}{50}$

   $=\dfrac{83}{50}=1\dfrac{33}{50}$

10. $\dfrac{16}{27}+\dfrac{13}{18}=\dfrac{32}{54}+\dfrac{39}{54}$

    $=\dfrac{71}{54}=1\dfrac{17}{54}$

11. $\dfrac{19}{30}+\dfrac{11}{15}=\dfrac{19}{30}+\dfrac{22}{30}$

    $=\dfrac{41}{30}=1\dfrac{11}{30}$

12. $\dfrac{23}{35}+\dfrac{9}{14}=\dfrac{46}{70}+\dfrac{45}{70}$

    $=\dfrac{91}{70}=1\dfrac{21}{70}$

    $=1\dfrac{3}{10}$

● 계산하여 기약분수로 나타내어 보세요.

13. $\dfrac{1}{4}+\dfrac{5}{6}=1\dfrac{1}{12}\left(=\dfrac{13}{12}\right)$

14. $\dfrac{4}{5}+\dfrac{19}{20}=1\dfrac{3}{4}\left(=\dfrac{7}{4}\right)$

15. $\dfrac{5}{6}+\dfrac{3}{5}=1\dfrac{13}{30}\left(=\dfrac{43}{30}\right)$

16. $\dfrac{6}{7}+\dfrac{7}{9}=1\dfrac{40}{63}\left(=\dfrac{103}{63}\right)$

17. $\dfrac{5}{8}+\dfrac{13}{18}=1\dfrac{25}{72}\left(=\dfrac{97}{72}\right)$

18. $\dfrac{8}{9}+\dfrac{11}{12}=1\dfrac{29}{36}\left(=\dfrac{65}{36}\right)$

19. $\dfrac{7}{10}+\dfrac{19}{22}=1\dfrac{31}{55}\left(=\dfrac{86}{55}\right)$

20. $\dfrac{11}{12}+\dfrac{14}{15}=1\dfrac{17}{20}\left(=\dfrac{37}{20}\right)$

21. $\dfrac{10}{13}+\dfrac{4}{5}=1\dfrac{37}{65}\left(=\dfrac{102}{65}\right)$

22. $\dfrac{14}{15}+\dfrac{20}{21}=1\dfrac{31}{35}\left(=\dfrac{66}{35}\right)$

23. $\dfrac{15}{16}+\dfrac{17}{20}=1\dfrac{63}{80}\left(=\dfrac{143}{80}\right)$

24. $\dfrac{11}{18}+\dfrac{29}{30}=1\dfrac{26}{45}\left(=\dfrac{71}{45}\right)$

25. $\dfrac{13}{20}+\dfrac{14}{25}=1\dfrac{21}{100}\left(=\dfrac{121}{100}\right)$

26. $\dfrac{16}{21}+\dfrac{9}{14}=1\dfrac{17}{42}\left(=\dfrac{59}{42}\right)$

27. $\dfrac{15}{22}+\dfrac{10}{11}=1\dfrac{13}{22}\left(=\dfrac{35}{22}\right)$

28. $\dfrac{17}{24}+\dfrac{39}{40}=1\dfrac{41}{60}\left(=\dfrac{101}{60}\right)$

29. $\dfrac{22}{25}+\dfrac{3}{10}=1\dfrac{9}{50}\left(=\dfrac{59}{50}\right)$

30. $\dfrac{19}{26}+\dfrac{8}{13}=1\dfrac{9}{26}\left(=\dfrac{35}{26}\right)$

31. $\dfrac{15}{28}+\dfrac{19}{21}=1\dfrac{37}{84}\left(=\dfrac{121}{84}\right)$

32. $\dfrac{23}{30}+\dfrac{17}{20}=1\dfrac{37}{60}\left(=\dfrac{97}{60}\right)$

33. $\dfrac{19}{32}+\dfrac{5}{6}=1\dfrac{41}{96}\left(=\dfrac{137}{96}\right)$

34. $\dfrac{21}{34}+\dfrac{8}{17}=1\dfrac{3}{34}\left(=\dfrac{37}{34}\right)$

35. $\dfrac{23}{36}+\dfrac{17}{24}=1\dfrac{25}{72}\left(=\dfrac{97}{72}\right)$

36. $\dfrac{21}{40}+\dfrac{8}{15}=1\dfrac{7}{120}\left(=\dfrac{127}{120}\right)$

정답

DAY 08 (대분수)+(대분수)

정답 8쪽 | 맞힌 개수: /34

$2\frac{2}{3}+1\frac{4}{5}$의 계산

방법 1 $2\frac{2}{3}+1\frac{4}{5}=2\frac{10}{15}+1\frac{12}{15}=3+\frac{22}{15}=3+1\frac{7}{15}=4\frac{7}{15}$

자연수끼리 더하기 / 진분수끼리 더하기

방법 2 $2\frac{2}{3}+1\frac{4}{5}=\frac{8}{3}+\frac{9}{5}=\frac{40}{15}+\frac{27}{15}=\frac{67}{15}=4\frac{7}{15}$

(가분수)+(가분수)로 바꾸기

● ☐안에 알맞은 수를 써넣으세요.

1 $2\frac{3}{4}+1\frac{1}{6}=2\frac{9}{12}+1\frac{2}{12}$

$=3+\frac{11}{12}$

$=3\frac{11}{12}$

2 $3\frac{2}{5}+2\frac{3}{10}=3\frac{4}{10}+2\frac{3}{10}$

$=5+\frac{7}{10}$

$=5\frac{7}{10}$

3 $4\frac{5}{8}+2\frac{3}{4}$

$=4\frac{5}{8}+2\frac{6}{8}=6+\frac{11}{8}$

$=6+1\frac{3}{8}=7\frac{3}{8}$

4 $1\frac{7}{9}+3\frac{2}{3}$

$=1\frac{7}{9}+3\frac{6}{9}=4+\frac{13}{9}$

$=4+1\frac{4}{9}=5\frac{4}{9}$

5 $2\frac{7}{10}+5\frac{1}{4}=\frac{27}{10}+\frac{21}{4}$

$=\frac{54}{20}+\frac{105}{20}$

$=\frac{159}{20}$

$=7\frac{19}{20}$

6 $1\frac{5}{16}+2\frac{5}{12}=\frac{21}{16}+\frac{29}{12}$

$=\frac{63}{48}+\frac{116}{48}$

$=\frac{179}{48}$

$=3\frac{35}{48}$

7 $4\frac{11}{20}+1\frac{3}{8}=\frac{91}{20}+\frac{11}{8}$

$=\frac{182}{40}+\frac{55}{40}$

$=\frac{237}{40}$

$=5\frac{37}{40}$

8 $1\frac{17}{21}+1\frac{5}{9}=\frac{38}{21}+\frac{14}{9}$

$=\frac{114}{63}+\frac{98}{63}$

$=\frac{212}{63}$

$=3\frac{23}{63}$

9 $2\frac{14}{25}+1\frac{4}{5}=\frac{64}{25}+\frac{9}{5}$

$=\frac{64}{25}+\frac{45}{25}$

$=\frac{109}{25}$

$=4\frac{9}{25}$

10 $2\frac{31}{39}+2\frac{1}{3}=\frac{109}{39}+\frac{7}{3}$

$=\frac{109}{39}+\frac{91}{39}$

$=\frac{200}{39}$

$=5\frac{5}{39}$

정답 8쪽

● 계산하여 기약분수로 나타내어 보세요.

11 $2\frac{2}{3}+1\frac{1}{4}=3\frac{11}{12}\left(=\frac{47}{12}\right)$

12 $4\frac{1}{4}+3\frac{2}{5}=7\frac{13}{20}\left(=\frac{153}{20}\right)$

13 $3\frac{2}{5}+1\frac{7}{12}=4\frac{59}{60}\left(=\frac{299}{60}\right)$

14 $1\frac{1}{6}+3\frac{3}{8}=4\frac{13}{24}\left(=\frac{109}{24}\right)$

15 $5\frac{5}{8}+1\frac{1}{12}=6\frac{17}{24}\left(=\frac{161}{24}\right)$

16 $2\frac{3}{10}+2\frac{1}{4}=4\frac{11}{20}\left(=\frac{91}{20}\right)$

17 $3\frac{7}{11}+3\frac{13}{22}=7\frac{5}{22}\left(=\frac{159}{22}\right)$

18 $4\frac{11}{12}+2\frac{15}{16}=7\frac{41}{48}\left(=\frac{377}{48}\right)$

19 $1\frac{12}{13}+3\frac{28}{39}=5\frac{25}{39}\left(=\frac{220}{39}\right)$

20 $2\frac{8}{15}+4\frac{17}{20}=7\frac{23}{60}\left(=\frac{443}{60}\right)$

21 $1\frac{7}{16}+1\frac{9}{10}=3\frac{27}{80}\left(=\frac{267}{80}\right)$

22 $3\frac{13}{18}+2\frac{17}{30}=6\frac{13}{45}\left(=\frac{283}{45}\right)$

23 $1\frac{7}{20}+3\frac{5}{16}=4\frac{53}{80}\left(=\frac{373}{80}\right)$

24 $2\frac{5}{21}+4\frac{3}{7}=6\frac{2}{3}\left(=\frac{20}{3}\right)$

25 $3\frac{5}{22}+2\frac{1}{4}=5\frac{21}{44}\left(=\frac{241}{44}\right)$

26 $4\frac{7}{24}+1\frac{2}{9}=5\frac{37}{72}\left(=\frac{397}{72}\right)$

27 $2\frac{8}{25}+2\frac{3}{10}=4\frac{31}{50}\left(=\frac{231}{50}\right)$

28 $3\frac{3}{26}+2\frac{2}{13}=5\frac{7}{26}\left(=\frac{137}{26}\right)$

29 $1\frac{19}{28}+1\frac{13}{20}=3\frac{23}{70}\left(=\frac{233}{70}\right)$

30 $5\frac{17}{30}+2\frac{3}{4}=8\frac{19}{60}\left(=\frac{499}{60}\right)$

31 $3\frac{15}{32}+1\frac{7}{12}=5\frac{5}{96}\left(=\frac{485}{96}\right)$

32 $2\frac{18}{35}+1\frac{13}{14}=4\frac{31}{70}\left(=\frac{311}{70}\right)$

33 $4\frac{17}{36}+2\frac{13}{18}=7\frac{7}{36}\left(=\frac{259}{36}\right)$

34 $1\frac{29}{40}+3\frac{14}{15}=5\frac{79}{120}\left(=\frac{679}{120}\right)$

DAY 09 (진분수)-(진분수)

이렇게 계산해요

$\dfrac{5}{6}-\dfrac{4}{9}$ 의 계산

방법 1 $\dfrac{5}{6}-\dfrac{4}{9}=\dfrac{5\times9}{6\times9}-\dfrac{4\times6}{9\times6}=\dfrac{45}{54}-\dfrac{24}{54}=\dfrac{21}{54}=\dfrac{7}{18}$

　　→ 두 분모의 곱을 이용하여 통분하기

방법 2 $\dfrac{5}{6}-\dfrac{4}{9}=\dfrac{5\times3}{6\times3}-\dfrac{4\times2}{9\times2}=\dfrac{15}{18}-\dfrac{8}{18}=\dfrac{7}{18}$

　　→ 두 분모의 최소공배수를 이용하여 통분하기

●□안에 알맞은 수를 써넣으세요.

1 $\dfrac{2}{3}-\dfrac{2}{5}=\dfrac{\boxed{10}}{15}-\dfrac{\boxed{6}}{15}=\dfrac{\boxed{4}}{15}$

2 $\dfrac{3}{4}-\dfrac{1}{6}=\dfrac{\boxed{18}}{24}-\dfrac{\boxed{4}}{24}$
$=\dfrac{\boxed{14}}{24}=\dfrac{\boxed{7}}{12}$

3 $\dfrac{4}{5}-\dfrac{7}{15}=\dfrac{\boxed{60}}{75}-\dfrac{\boxed{35}}{75}$
$=\dfrac{\boxed{25}}{75}=\dfrac{\boxed{1}}{3}$

4 $\dfrac{5}{8}-\dfrac{1}{3}=\dfrac{\boxed{15}}{24}-\dfrac{\boxed{8}}{24}=\dfrac{\boxed{7}}{24}$

5 $\dfrac{9}{10}-\dfrac{3}{4}=\dfrac{\boxed{36}}{40}-\dfrac{\boxed{30}}{40}$
$=\dfrac{\boxed{6}}{40}=\dfrac{\boxed{3}}{20}$

6 $\dfrac{11}{12}-\dfrac{4}{15}=\dfrac{\boxed{165}}{180}-\dfrac{\boxed{48}}{180}$
$=\dfrac{\boxed{117}}{180}=\dfrac{\boxed{13}}{20}$

7 $\dfrac{7}{16}-\dfrac{3}{10}=\dfrac{\boxed{35}}{80}-\dfrac{\boxed{24}}{80}$
$=\dfrac{\boxed{11}}{80}$

8 $\dfrac{11}{18}-\dfrac{5}{24}=\dfrac{\boxed{44}}{72}-\dfrac{\boxed{15}}{72}$
$=\dfrac{\boxed{29}}{72}$

9 $\dfrac{19}{20}-\dfrac{5}{12}=\dfrac{\boxed{57}}{60}-\dfrac{\boxed{25}}{60}$
$=\dfrac{\boxed{32}}{60}=\dfrac{\boxed{8}}{15}$

10 $\dfrac{18}{25}-\dfrac{3}{10}=\dfrac{\boxed{36}}{50}-\dfrac{\boxed{15}}{50}$
$=\dfrac{\boxed{21}}{50}$

11 $\dfrac{17}{28}-\dfrac{1}{3}=\dfrac{\boxed{51}}{84}-\dfrac{\boxed{28}}{84}$
$=\dfrac{\boxed{23}}{84}$

12 $\dfrac{17}{30}-\dfrac{1}{12}=\dfrac{\boxed{34}}{60}-\dfrac{\boxed{5}}{60}$
$=\dfrac{\boxed{29}}{60}$

13 $\dfrac{19}{32}-\dfrac{3}{8}=\dfrac{\boxed{19}}{32}-\dfrac{\boxed{12}}{32}$
$=\dfrac{\boxed{7}}{32}$

14 $\dfrac{29}{36}-\dfrac{1}{4}=\dfrac{\boxed{29}}{36}-\dfrac{\boxed{9}}{36}$
$=\dfrac{\boxed{20}}{36}=\dfrac{\boxed{5}}{9}$

2

●계산하여 기약분수로 나타내어 보세요.

15 $\dfrac{3}{4}-\dfrac{1}{5}=\dfrac{11}{20}$

16 $\dfrac{4}{5}-\dfrac{3}{10}=\dfrac{1}{2}$

17 $\dfrac{5}{6}-\dfrac{1}{4}=\dfrac{7}{12}$

18 $\dfrac{6}{7}-\dfrac{2}{3}=\dfrac{4}{21}$

19 $\dfrac{7}{9}-\dfrac{2}{15}=\dfrac{29}{45}$

20 $\dfrac{7}{10}-\dfrac{1}{3}=\dfrac{11}{30}$

21 $\dfrac{5}{12}-\dfrac{1}{18}=\dfrac{13}{36}$

22 $\dfrac{13}{14}-\dfrac{3}{4}=\dfrac{5}{28}$

23 $\dfrac{11}{15}-\dfrac{3}{10}=\dfrac{13}{30}$

24 $\dfrac{7}{16}-\dfrac{7}{20}=\dfrac{7}{80}$

25 $\dfrac{15}{17}-\dfrac{1}{2}=\dfrac{13}{34}$

26 $\dfrac{13}{18}-\dfrac{5}{42}=\dfrac{38}{63}$

27 $\dfrac{9}{20}-\dfrac{7}{30}=\dfrac{13}{60}$

28 $\dfrac{11}{21}-\dfrac{2}{7}=\dfrac{5}{21}$

29 $\dfrac{19}{22}-\dfrac{1}{3}=\dfrac{35}{66}$

30 $\dfrac{17}{24}-\dfrac{5}{16}=\dfrac{19}{48}$

31 $\dfrac{19}{26}-\dfrac{20}{39}=\dfrac{17}{78}$

32 $\dfrac{14}{27}-\dfrac{7}{18}=\dfrac{7}{54}$

33 $\dfrac{19}{30}-\dfrac{4}{15}=\dfrac{11}{30}$

34 $\dfrac{27}{32}-\dfrac{7}{12}=\dfrac{25}{96}$

35 $\dfrac{20}{33}-\dfrac{5}{11}=\dfrac{5}{33}$

36 $\dfrac{15}{34}-\dfrac{2}{17}=\dfrac{11}{34}$

37 $\dfrac{17}{36}-\dfrac{11}{24}=\dfrac{1}{72}$

38 $\dfrac{23}{40}-\dfrac{7}{16}=\dfrac{11}{80}$

2

DAY 10 (대분수)-(대분수)
: 진분수끼리 뺄 수 있는 경우

정답 10쪽 | 맞힌 개수:　/34

이렇게 계산해요

$3\frac{3}{4}-1\frac{2}{5}$의 계산

방법 1 $3\frac{3}{4}-1\frac{2}{5}=3\frac{15}{20}-1\frac{8}{20}=2+\frac{7}{20}=2\frac{7}{20}$

자연수끼리 빼기 / 진분수끼리 빼기

방법 2 $3\frac{3}{4}-1\frac{2}{5}=\frac{15}{4}-\frac{7}{5}=\frac{75}{20}-\frac{28}{20}=\frac{47}{20}=2\frac{7}{20}$

→ (가분수)-(가분수)로 바꾸기

● □안에 알맞은 수를 써넣으세요.

1 $2\frac{2}{3}-1\frac{1}{2}=2\frac{4}{6}-1\frac{3}{6}$
$=1+\frac{1}{6}$
$=1\frac{1}{6}$

2 $4\frac{3}{5}-1\frac{1}{6}=4\frac{18}{30}-1\frac{5}{30}$
$=3+\frac{13}{30}$
$=3\frac{13}{30}$

3 $5\frac{3}{8}-1\frac{2}{7}=5\frac{21}{56}-1\frac{16}{56}$
$=4+\frac{5}{56}$
$=4\frac{5}{56}$

4 $3\frac{5}{9}-2\frac{1}{4}=3\frac{20}{36}-2\frac{9}{36}$
$=1+\frac{11}{36}$
$=1\frac{11}{36}$

5 $5\frac{6}{11}-2\frac{1}{3}=\frac{61}{11}-\frac{7}{3}$
$=\frac{183}{33}-\frac{77}{33}$
$=\frac{106}{33}$
$=3\frac{7}{33}$

6 $3\frac{8}{15}-1\frac{3}{10}=\frac{53}{15}-\frac{13}{10}$
$=\frac{106}{30}-\frac{39}{30}$
$=\frac{67}{30}=2\frac{7}{30}$

7 $2\frac{7}{16}-1\frac{1}{4}=\frac{39}{16}-\frac{5}{4}$
$=\frac{39}{16}-\frac{20}{16}$
$=\frac{19}{16}=1\frac{3}{16}$

8 $6\frac{13}{25}-1\frac{1}{10}=\frac{163}{25}-\frac{11}{10}$
$=\frac{326}{50}-\frac{55}{50}$
$=\frac{271}{50}$
$=5\frac{21}{50}$

9 $3\frac{7}{32}-1\frac{3}{16}=\frac{103}{32}-\frac{19}{16}$
$=\frac{103}{32}-\frac{38}{32}$
$=\frac{65}{32}=2\frac{1}{32}$

10 $3\frac{12}{35}-1\frac{2}{7}=\frac{117}{35}-\frac{9}{7}$
$=\frac{117}{35}-\frac{45}{35}$
$=\frac{72}{35}=2\frac{2}{35}$

● 계산하여 기약분수로 나타내어 보세요.

11 $3\frac{3}{4}-1\frac{2}{3}=2\frac{1}{12}\left(=\frac{25}{12}\right)$

12 $4\frac{5}{6}-2\frac{7}{20}=2\frac{29}{60}\left(=\frac{149}{60}\right)$

13 $7\frac{5}{7}-3\frac{1}{2}=4\frac{3}{14}\left(=\frac{59}{14}\right)$

14 $5\frac{7}{8}-1\frac{3}{10}=4\frac{23}{40}\left(=\frac{183}{40}\right)$

15 $6\frac{8}{9}-3\frac{1}{5}=3\frac{31}{45}\left(=\frac{166}{45}\right)$

16 $5\frac{7}{10}-3\frac{1}{4}=2\frac{9}{20}\left(=\frac{49}{20}\right)$

17 $4\frac{11}{12}-1\frac{7}{16}=3\frac{23}{48}\left(=\frac{167}{48}\right)$

18 $3\frac{10}{13}-2\frac{1}{3}=1\frac{17}{39}\left(=\frac{56}{39}\right)$

19 $2\frac{9}{14}-1\frac{5}{21}=1\frac{17}{42}\left(=\frac{59}{42}\right)$

20 $7\frac{8}{15}-4\frac{3}{10}=3\frac{7}{30}\left(=\frac{97}{30}\right)$

21 $4\frac{15}{16}-3\frac{7}{24}=1\frac{31}{48}\left(=\frac{79}{48}\right)$

22 $5\frac{10}{19}-1\frac{1}{2}=4\frac{1}{38}\left(=\frac{153}{38}\right)$

23 $3\frac{10}{21}-1\frac{5}{42}=2\frac{5}{14}\left(=\frac{33}{14}\right)$

24 $6\frac{7}{22}-1\frac{1}{4}=5\frac{3}{44}\left(=\frac{223}{44}\right)$

25 $5\frac{17}{24}-1\frac{7}{16}=4\frac{13}{48}\left(=\frac{205}{48}\right)$

26 $7\frac{8}{25}-4\frac{3}{20}=3\frac{17}{100}\left(=\frac{317}{100}\right)$

27 $4\frac{11}{27}-2\frac{5}{18}=2\frac{7}{54}\left(=\frac{115}{54}\right)$

28 $8\frac{17}{28}-2\frac{5}{12}=6\frac{4}{21}\left(=\frac{130}{21}\right)$

29 $5\frac{19}{30}-3\frac{7}{12}=2\frac{1}{20}\left(=\frac{41}{20}\right)$

30 $3\frac{13}{32}-2\frac{3}{8}=1\frac{1}{32}\left(=\frac{33}{32}\right)$

31 $4\frac{15}{34}-1\frac{4}{17}=3\frac{7}{34}\left(=\frac{109}{34}\right)$

32 $7\frac{25}{36}-3\frac{7}{20}=4\frac{31}{90}\left(=\frac{391}{90}\right)$

33 $6\frac{21}{38}-1\frac{1}{2}=5\frac{1}{19}\left(=\frac{96}{19}\right)$

34 $5\frac{19}{40}-2\frac{4}{15}=3\frac{5}{24}\left(=\frac{77}{24}\right)$

DAY 11 (대분수)−(대분수)
: 진분수끼리 뺄 수 없는 경우

정답 11쪽 | 맞힌 개수: /34

$4\frac{1}{3}-1\frac{4}{7}$의 계산

방법 1 $4\frac{1}{3}-1\frac{4}{7}=4\frac{7}{21}-1\frac{12}{21}=3\frac{28}{21}-1\frac{12}{21}=2\frac{16}{21}$

자연수에서 1만큼을 가분수로 나타내기

방법 2 $4\frac{1}{3}-1\frac{4}{7}=\frac{13}{3}-\frac{11}{7}=\frac{91}{21}-\frac{33}{21}=\frac{58}{21}=2\frac{16}{21}$

(가분수)−(가분수)로 바꾸기

● □안에 알맞은 수를 써넣으세요.

1 $3\frac{1}{4}-1\frac{3}{5}=3\frac{5}{20}-1\frac{12}{20}$
$=2\frac{25}{20}-1\frac{12}{20}$
$=1\frac{13}{20}$

3 $4\frac{3}{7}-2\frac{5}{8}=4\frac{24}{56}-2\frac{35}{56}$
$=3\frac{80}{56}-2\frac{35}{56}$
$=1\frac{45}{56}$

5 $3\frac{7}{10}-1\frac{4}{5}=\frac{37}{10}-\frac{9}{5}$
$=\frac{37}{10}-\frac{18}{10}$
$=\frac{19}{10}=1\frac{9}{10}$

8 $4\frac{3}{22}-2\frac{1}{4}=\frac{91}{22}-\frac{9}{4}$
$=\frac{182}{44}-\frac{99}{44}$
$=\frac{83}{44}$
$=1\frac{39}{44}$

6 $2\frac{5}{12}-1\frac{8}{9}=\frac{29}{12}-\frac{17}{9}$
$=\frac{87}{36}-\frac{68}{36}$
$=\frac{19}{36}$

9 $5\frac{5}{27}-1\frac{2}{3}=\frac{140}{27}-\frac{5}{3}$
$=\frac{140}{27}-\frac{45}{27}$
$=\frac{95}{27}=3\frac{14}{27}$

2 $5\frac{1}{6}-2\frac{5}{9}=5\frac{3}{18}-2\frac{10}{18}$
$=4\frac{21}{18}-2\frac{10}{18}$
$=2\frac{11}{18}$

4 $5\frac{2}{9}-1\frac{2}{3}=5\frac{2}{9}-1\frac{6}{9}$
$=4\frac{11}{9}-1\frac{6}{9}$
$=3\frac{5}{9}$

7 $5\frac{7}{18}-2\frac{3}{4}=\frac{97}{18}-\frac{11}{4}$
$=\frac{194}{36}-\frac{99}{36}$
$=\frac{95}{36}$
$=2\frac{23}{36}$

10 $2\frac{11}{36}-1\frac{17}{18}=\frac{83}{36}-\frac{35}{18}$
$=\frac{83}{36}-\frac{70}{36}$
$=\frac{13}{36}$

정답 11쪽

● 계산하여 기약분수로 나타내어 보세요.

11 $5\frac{2}{3}-1\frac{8}{9}=3\frac{7}{9}\left(=\frac{34}{9}\right)$

17 $8\frac{6}{11}-4\frac{29}{33}=3\frac{2}{3}\left(=\frac{11}{3}\right)$

23 $6\frac{4}{19}-2\frac{1}{2}=3\frac{27}{38}\left(=\frac{141}{38}\right)$

29 $7\frac{13}{28}-2\frac{5}{7}=4\frac{3}{4}\left(=\frac{19}{4}\right)$

12 $4\frac{1}{4}-1\frac{9}{10}=2\frac{7}{20}\left(=\frac{47}{20}\right)$

18 $5\frac{7}{13}-1\frac{25}{39}=3\frac{35}{39}\left(=\frac{152}{39}\right)$

24 $5\frac{7}{20}-1\frac{8}{15}=3\frac{49}{60}\left(=\frac{229}{60}\right)$

30 $2\frac{19}{30}-1\frac{3}{4}=\frac{53}{60}$

13 $7\frac{2}{5}-1\frac{2}{3}=5\frac{11}{15}\left(=\frac{86}{15}\right)$

19 $7\frac{9}{14}-2\frac{4}{5}=4\frac{59}{70}\left(=\frac{339}{70}\right)$

25 $6\frac{8}{21}-3\frac{9}{14}=2\frac{31}{42}\left(=\frac{115}{42}\right)$

31 $5\frac{7}{32}-2\frac{7}{12}=2\frac{61}{96}\left(=\frac{253}{96}\right)$

14 $6\frac{1}{6}-3\frac{5}{8}=2\frac{13}{24}\left(=\frac{61}{24}\right)$

20 $3\frac{2}{15}-1\frac{7}{12}=1\frac{11}{20}\left(=\frac{31}{20}\right)$

26 $8\frac{5}{24}-2\frac{11}{32}=5\frac{83}{96}\left(=\frac{563}{96}\right)$

32 $4\frac{4}{35}-1\frac{13}{14}=2\frac{13}{70}\left(=\frac{153}{70}\right)$

15 $2\frac{3}{8}-1\frac{17}{20}=\frac{21}{40}$

21 $7\frac{5}{16}-2\frac{19}{24}=4\frac{25}{48}\left(=\frac{217}{48}\right)$

27 $4\frac{3}{25}-3\frac{7}{10}=\frac{21}{50}$

33 $6\frac{5}{38}-3\frac{1}{6}=2\frac{55}{57}\left(=\frac{169}{57}\right)$

16 $4\frac{5}{9}-2\frac{14}{15}=1\frac{28}{45}\left(=\frac{73}{45}\right)$

22 $4\frac{2}{17}-1\frac{19}{34}=2\frac{19}{34}\left(=\frac{87}{34}\right)$

28 $3\frac{11}{26}-1\frac{9}{13}=1\frac{19}{26}\left(=\frac{45}{26}\right)$

34 $3\frac{7}{40}-2\frac{9}{16}=\frac{49}{80}$

정답

DAY 12 평가

정답 12쪽 | 맞힌 개수: /24

● 계산하여 기약분수로 나타내어 보세요.

1 $\frac{1}{3}+\frac{1}{5}=\frac{8}{15}$

7 $\frac{9}{14}+\frac{6}{7}=1\frac{1}{2}\left(=\frac{3}{2}\right)$

2 $1\frac{1}{4}+2\frac{3}{7}=3\frac{19}{28}\left(=\frac{103}{28}\right)$

8 $6\frac{13}{16}-2\frac{11}{12}=3\frac{43}{48}\left(=\frac{187}{48}\right)$

3 $\frac{4}{5}-\frac{1}{8}=\frac{27}{40}$

9 $3\frac{5}{18}+3\frac{1}{4}=6\frac{19}{36}\left(=\frac{235}{36}\right)$

4 $3\frac{5}{8}-1\frac{1}{6}=2\frac{11}{24}\left(=\frac{59}{24}\right)$

10 $\frac{4}{19}+\frac{1}{2}=\frac{27}{38}$

5 $5\frac{5}{9}+4\frac{5}{6}=10\frac{7}{18}\left(=\frac{187}{18}\right)$

11 $\frac{19}{20}-\frac{3}{4}=\frac{1}{5}$

6 $5\frac{7}{10}-2\frac{3}{8}=3\frac{13}{40}\left(=\frac{133}{40}\right)$

12 $5\frac{17}{21}-2\frac{13}{14}=2\frac{37}{42}\left(=\frac{121}{42}\right)$

13 $2\frac{4}{25}+2\frac{3}{10}=4\frac{23}{50}\left(=\frac{223}{50}\right)$

14 $\frac{15}{26}-\frac{10}{39}=\frac{25}{78}$

15 $\frac{16}{27}+\frac{11}{18}=1\frac{11}{54}\left(=\frac{65}{54}\right)$

16 $4\frac{25}{28}-1\frac{3}{8}=3\frac{29}{56}\left(=\frac{197}{56}\right)$

17 $3\frac{17}{30}+1\frac{11}{12}=5\frac{29}{60}\left(=\frac{329}{60}\right)$

18 $8\frac{23}{30}-2\frac{11}{35}=6\frac{19}{42}\left(=\frac{271}{42}\right)$

19 $\frac{15}{32}+\frac{5}{16}=\frac{25}{32}$

20 $\frac{32}{33}+\frac{5}{44}=1\frac{1}{12}\left(=\frac{13}{12}\right)$

21 $\frac{21}{34}-\frac{1}{2}=\frac{2}{17}$

22 $4\frac{22}{35}-3\frac{5}{28}=1\frac{9}{20}\left(=\frac{29}{20}\right)$

23 $\frac{17}{36}+\frac{19}{20}=1\frac{19}{45}\left(=\frac{64}{45}\right)$

24 $7\frac{19}{40}-1\frac{15}{16}=5\frac{43}{80}\left(=\frac{443}{80}\right)$

정답 12쪽

다른 그림 8곳을 찾아보세요.

DAY 13 (진분수)×(자연수), (가분수)×(자연수)

정답 13쪽 | 맞힌 개수: /42

어떻게 계산해요

$\frac{5}{6} \times 4$의 계산

분자와 자연수 곱하기

방법 1 $\frac{5}{6} \times 4 = \frac{5 \times 4}{6} = \frac{20}{6} = \frac{10}{3} = 3\frac{1}{3}$

분모는 그대로 두기

방법 2 $\frac{5}{6} \times 4 = \frac{10}{3} = 3\frac{1}{3}$

● □ 안에 알맞은 수를 써넣으세요.

1. $\frac{1}{3} \times 5 = \frac{1 \times \boxed{5}}{3} = \frac{\boxed{5}}{3} = 1\frac{\boxed{2}}{3}$

2. $\frac{3}{4} \times 2 = \frac{3 \times 2}{4} = \frac{\boxed{6}}{4} = \frac{\boxed{3}}{2} = 1\frac{\boxed{1}}{2}$

3. $\frac{4}{5} \times 4 = \frac{4 \times \boxed{4}}{5} = \frac{\boxed{16}}{5} = 3\frac{\boxed{1}}{5}$

4. $\frac{7}{6} \times 5 = \frac{7 \times \boxed{5}}{6} = \frac{\boxed{35}}{6} = 5\frac{\boxed{5}}{6}$

5. $\frac{10}{7} \times 3 = \frac{10 \times 3}{7} = \frac{\boxed{30}}{7} = 4\frac{\boxed{2}}{7}$

6. $\frac{11}{8} \times 4 = \frac{11 \times 4}{8} = \frac{\boxed{44}}{8} = \frac{\boxed{11}}{2} = 5\frac{\boxed{1}}{2}$

7. $\frac{5}{9} \times 3 = \frac{\boxed{5}}{3} = 1\frac{\boxed{2}}{3}$

8. $\frac{9}{14} \times 10 = \frac{\boxed{45}}{7} = 6\frac{\boxed{3}}{7}$

9. $\frac{8}{15} \times 5 = \frac{\boxed{8}}{3} = 2\frac{\boxed{2}}{3}$

10. $\frac{7}{18} \times 14 = \frac{\boxed{49}}{9} = 5\frac{\boxed{4}}{9}$

11. $\frac{4}{21} \times 9 = \frac{\boxed{12}}{7} = 1\frac{\boxed{5}}{7}$

12. $\frac{6}{25} \times 20 = \frac{\boxed{24}}{5} = 4\frac{\boxed{4}}{5}$

13. $\frac{28}{27} \times 18 = \frac{\boxed{56}}{3} = 18\frac{\boxed{2}}{3}$

14. $\frac{37}{30} \times 15 = \frac{\boxed{37}}{2} = 18\frac{\boxed{1}}{2}$

15. $\frac{39}{32} \times 8 = \frac{\boxed{39}}{4} = 9\frac{\boxed{3}}{4}$

16. $\frac{41}{36} \times 24 = \frac{\boxed{82}}{3} = 27\frac{\boxed{1}}{3}$

17. $\frac{47}{42} \times 14 = \frac{\boxed{47}}{3} = 15\frac{\boxed{2}}{3}$

18. $\frac{53}{48} \times 16 = \frac{\boxed{53}}{3} = 17\frac{\boxed{2}}{3}$

정답 13쪽

● 계산하여 기약분수로 나타내어 보세요.

19. $\frac{3}{4} \times 6 = 4\frac{1}{2}\left(=\frac{9}{2}\right)$

20. $\frac{5}{6} \times 10 = 8\frac{1}{3}\left(=\frac{25}{3}\right)$

21. $\frac{4}{7} \times 4 = 2\frac{2}{7}\left(=\frac{16}{7}\right)$

22. $\frac{4}{9} \times 12 = 5\frac{1}{3}\left(=\frac{16}{3}\right)$

23. $\frac{7}{10} \times 25 = 17\frac{1}{2}\left(=\frac{35}{2}\right)$

24. $\frac{9}{14} \times 22 = 14\frac{1}{7}\left(=\frac{99}{7}\right)$

25. $\frac{22}{15} \times 27 = 39\frac{3}{5}\left(=\frac{198}{5}\right)$

26. $\frac{17}{16} \times 30 = 31\frac{7}{8}\left(=\frac{255}{8}\right)$

27. $\frac{23}{18} \times 24 = 30\frac{2}{3}\left(=\frac{92}{3}\right)$

28. $\frac{27}{20} \times 8 = 10\frac{4}{5}\left(=\frac{54}{5}\right)$

29. $\frac{25}{22} \times 6 = 6\frac{9}{11}\left(=\frac{75}{11}\right)$

30. $\frac{29}{24} \times 6 = 7\frac{1}{4}\left(=\frac{29}{4}\right)$

31. $\frac{17}{25} \times 10 = 6\frac{4}{5}\left(=\frac{34}{5}\right)$

32. $\frac{11}{26} \times 13 = 5\frac{1}{2}\left(=\frac{11}{2}\right)$

33. $\frac{15}{28} \times 35 = 18\frac{3}{4}\left(=\frac{75}{4}\right)$

34. $\frac{19}{30} \times 12 = 7\frac{3}{5}\left(=\frac{38}{5}\right)$

35. $\frac{21}{34} \times 2 = 1\frac{4}{17}\left(=\frac{21}{17}\right)$

36. $\frac{8}{35} \times 4 = \frac{32}{35}$

37. $\frac{47}{36} \times 9 = 11\frac{3}{4}\left(=\frac{47}{4}\right)$

38. $\frac{43}{38} \times 19 = 21\frac{1}{2}\left(=\frac{43}{2}\right)$

39. $\frac{47}{40} \times 16 = 18\frac{4}{5}\left(=\frac{94}{5}\right)$

40. $\frac{52}{45} \times 90 = 104$

41. $\frac{65}{46} \times 23 = 32\frac{1}{2}\left(=\frac{65}{2}\right)$

42. $\frac{73}{55} \times 11 = 14\frac{3}{5}\left(=\frac{73}{5}\right)$

DAY 14 (대분수)×(자연수)

정답 14쪽 | 맞힌 개수: /36

이렇게 계산해요

$1\frac{3}{4} \times 6$의 계산

가분수로 나타내기

방법 1 $1\frac{3}{4} \times 6 = \frac{7}{4} \times \overset{3}{6} = \frac{21}{2} = 10\frac{1}{2}$

대분수를 자연수와 진분수로 나누기

방법 2 $1\frac{3}{4} \times 6 = (1 \times 6) + \left(\frac{3}{4} \times \overset{3}{6}\right) = 6 + \frac{9}{2} = 6 + 4\frac{1}{2} = 10\frac{1}{2}$

● ☐안에 알맞은 수를 써넣으세요.

1 $1\frac{1}{3} \times 5 = \frac{\boxed{4}}{3} \times 5$

$= \frac{\boxed{20}}{3} = 6\frac{\boxed{2}}{3}$

2 $3\frac{1}{4} \times 10 = \frac{13}{4} \times \overset{5}{10} = \frac{\boxed{65}}{2}$

$= 32\frac{\boxed{1}}{2}$

3 $2\frac{5}{6} \times 4 = \frac{17}{6} \times \overset{2}{4} = \frac{\boxed{34}}{3}$

$= \boxed{11}\frac{\boxed{1}}{3}$

4 $2\frac{2}{7} \times 3 = \frac{\boxed{16}}{7} \times 3$

$= \frac{\boxed{48}}{7} = 6\frac{\boxed{6}}{7}$

5 $1\frac{7}{8} \times 2 = \frac{15}{8} \times \overset{1}{2} = \frac{\boxed{15}}{4}$

$= 3\frac{\boxed{3}}{4}$

6 $3\frac{4}{9} \times 6 = \frac{31}{9} \times \overset{2}{6} = \frac{\boxed{62}}{3}$

$= \boxed{20}\frac{\boxed{2}}{3}$

7 $1\frac{1}{12} \times 4 = (1 \times 4) + \left(\frac{1}{12} \times \overset{1}{4}\right)$

$= \boxed{4} + \frac{1}{3}$

$= \boxed{4}\frac{\boxed{1}}{3}$

8 $2\frac{4}{15} \times 3 = (2 \times 3) + \left(\frac{4}{15} \times \overset{1}{3}\right)$

$= \boxed{6} + \frac{4}{5}$

$= \boxed{6}\frac{\boxed{4}}{5}$

9 $3\frac{8}{21} \times 7 = (3 \times 7) + \left(\frac{8}{21} \times \overset{1}{7}\right)$

$= \boxed{21} + \frac{8}{3}$

$= \boxed{21} + 2\frac{2}{3}$

$= \boxed{23}\frac{\boxed{2}}{3}$

10 $1\frac{4}{25} \times 5 = (1 \times 5) + \left(\frac{4}{25} \times \overset{1}{5}\right)$

$= \boxed{5} + \frac{4}{5}$

$= \boxed{5}\frac{\boxed{4}}{5}$

11 $2\frac{1}{36} \times 18 = (2 \times 18) + \left(\frac{1}{36} \times \overset{1}{18}\right)$

$= \boxed{36} + \frac{1}{2}$

$= \boxed{36}\frac{\boxed{1}}{2}$

12 $1\frac{13}{42} \times 6 = (1 \times 6) + \left(\frac{13}{42} \times \overset{1}{6}\right)$

$= \boxed{6} + \frac{13}{7}$

$= \boxed{6} + 1\frac{6}{7}$

$= \boxed{7}\frac{\boxed{6}}{7}$

3

● 계산하여 기약분수로 나타내어 보세요.

13 $2\frac{1}{2} \times 8 = 20$

14 $1\frac{2}{3} \times 4 = 6\frac{2}{3}\left(= \frac{20}{3}\right)$

15 $3\frac{1}{4} \times 10 = 32\frac{1}{2}\left(= \frac{65}{2}\right)$

16 $1\frac{4}{5} \times 2 = 3\frac{3}{5}\left(= \frac{18}{5}\right)$

17 $2\frac{7}{8} \times 12 = 34\frac{1}{2}\left(= \frac{69}{2}\right)$

18 $2\frac{9}{10} \times 6 = 17\frac{2}{5}\left(= \frac{87}{5}\right)$

19 $3\frac{4}{11} \times 22 = 74$

20 $1\frac{3}{14} \times 16 = 19\frac{3}{7}\left(= \frac{136}{7}\right)$

21 $1\frac{8}{15} \times 3 = 4\frac{3}{5}\left(= \frac{23}{5}\right)$

22 $2\frac{5}{16} \times 20 = 46\frac{1}{4}\left(= \frac{185}{4}\right)$

23 $1\frac{7}{18} \times 4 = 5\frac{5}{9}\left(= \frac{50}{9}\right)$

24 $3\frac{1}{20} \times 7 = 21\frac{7}{20}\left(= \frac{427}{20}\right)$

25 $1\frac{7}{22} \times 33 = 43\frac{1}{2}\left(= \frac{87}{2}\right)$

26 $2\frac{13}{24} \times 3 = 7\frac{5}{8}\left(= \frac{61}{8}\right)$

27 $2\frac{6}{25} \times 10 = 22\frac{2}{5}\left(= \frac{112}{5}\right)$

28 $1\frac{3}{26} \times 52 = 58$

29 $3\frac{5}{28} \times 4 = 12\frac{5}{7}\left(= \frac{89}{7}\right)$

30 $1\frac{11}{30} \times 5 = 6\frac{5}{6}\left(= \frac{41}{6}\right)$

31 $1\frac{5}{32} \times 12 = 13\frac{7}{8}\left(= \frac{111}{8}\right)$

32 $2\frac{6}{35} \times 7 = 15\frac{1}{5}\left(= \frac{76}{5}\right)$

33 $1\frac{9}{38} \times 2 = 2\frac{9}{19}\left(= \frac{47}{19}\right)$

34 $3\frac{3}{40} \times 8 = 24\frac{3}{5}\left(= \frac{123}{5}\right)$

35 $1\frac{11}{48} \times 3 = 3\frac{11}{16}\left(= \frac{59}{16}\right)$

36 $2\frac{7}{60} \times 4 = 8\frac{7}{15}\left(= \frac{127}{15}\right)$

3

DAY 15 (자연수)×(진분수), (자연수)×(가분수)

정답 15쪽 | 맞힌 개수: /42

3

$2 \times \dfrac{5}{6}$의 계산

자연수와 분자 곱하기

방법 1 $2 \times \dfrac{5}{6} = \dfrac{2 \times 5}{6} = \dfrac{10}{6} = \dfrac{5}{3} = 1\dfrac{2}{3}$

분모는 그대로 두기

방법 2 $2 \times \dfrac{5}{6} = \dfrac{5}{3} = 1\dfrac{2}{3}$

● ☐ 안에 알맞은 수를 써넣으세요.

1 $7 \times \dfrac{1}{2} = \dfrac{\boxed{7} \times 1}{2} = \dfrac{\boxed{7}}{2}$
$= \boxed{3}\dfrac{\boxed{1}}{2}$

2 $6 \times \dfrac{3}{4} = \dfrac{6 \times 3}{4} = \dfrac{\boxed{18}}{\boxed{2}}$
$= \dfrac{\boxed{9}}{2} = \boxed{4}\dfrac{\boxed{1}}{2}$

3 $9 \times \dfrac{2}{5} = \dfrac{\boxed{9} \times 2}{5} = \dfrac{\boxed{18}}{5}$
$= \boxed{3}\dfrac{\boxed{3}}{5}$

4 $3 \times \dfrac{8}{7} = \dfrac{\boxed{3} \times 8}{7} = \dfrac{\boxed{24}}{7}$
$= \boxed{3}\dfrac{\boxed{3}}{7}$

5 $5 \times \dfrac{13}{8} = \dfrac{\boxed{5} \times 13}{8} = \dfrac{\boxed{65}}{8}$
$= \boxed{8}\dfrac{\boxed{1}}{8}$

6 $6 \times \dfrac{10}{9} = \dfrac{6 \times 10}{9} = \dfrac{60}{9}$
$= \dfrac{\boxed{20}}{\boxed{3}} = \boxed{6}\dfrac{\boxed{2}}{3}$

7 $\dfrac{1}{5} \times \dfrac{9}{10} = \dfrac{\boxed{9}}{\boxed{2}} = \boxed{4}\dfrac{\boxed{1}}{2}$

8 $\dfrac{1}{6} \times \dfrac{5}{12} = \dfrac{\boxed{5}}{\boxed{2}} = \boxed{2}\dfrac{\boxed{1}}{2}$

9 $\dfrac{2}{4} \times \dfrac{13}{14} = \dfrac{\boxed{26}}{\boxed{7}} = \boxed{3}\dfrac{\boxed{5}}{7}$

10 $\dfrac{5}{20} \times \dfrac{3}{16} = \dfrac{\boxed{15}}{\boxed{4}} = \boxed{3}\dfrac{\boxed{3}}{4}$

11 $\dfrac{3}{15} \times \dfrac{7}{20} = \dfrac{\boxed{21}}{\boxed{4}} = \boxed{5}\dfrac{\boxed{1}}{4}$

12 $\dfrac{1}{11} \times \dfrac{3}{22} = \dfrac{\boxed{3}}{\boxed{2}} = \boxed{1}\dfrac{\boxed{1}}{2}$

13 $\dfrac{1}{6} \times \dfrac{25}{24} = \dfrac{\boxed{25}}{\boxed{4}} = \boxed{6}\dfrac{\boxed{1}}{4}$

14 $\dfrac{2}{8} \times \dfrac{31}{28} = \dfrac{\boxed{62}}{\boxed{7}} = \boxed{8}\dfrac{\boxed{6}}{7}$

15 $\dfrac{1}{17} \times \dfrac{39}{34} = \dfrac{\boxed{39}}{\boxed{2}} = \boxed{19}\dfrac{\boxed{1}}{2}$

16 $\dfrac{2}{14} \times \dfrac{41}{35} = \dfrac{\boxed{82}}{\boxed{5}} = \boxed{16}\dfrac{\boxed{2}}{5}$

17 $\dfrac{1}{8} \times \dfrac{53}{40} = \dfrac{\boxed{53}}{\boxed{5}} = \boxed{10}\dfrac{\boxed{3}}{5}$

18 $\dfrac{1}{7} \times \dfrac{55}{49} = \dfrac{\boxed{55}}{\boxed{7}} = \boxed{7}\dfrac{\boxed{6}}{7}$

66 · 더 연산 분수 B

3. 분수의 곱셈 · 67

정답 15쪽

3

● 계산하여 기약분수로 나타내어 보세요.

19 $9 \times \dfrac{2}{3} = 6$

20 $10 \times \dfrac{3}{4} = 7\dfrac{1}{2}\left(=\dfrac{15}{2}\right)$

21 $8 \times \dfrac{5}{6} = 6\dfrac{2}{3}\left(=\dfrac{20}{3}\right)$

22 $12 \times \dfrac{7}{8} = 10\dfrac{1}{2}\left(=\dfrac{21}{2}\right)$

23 $5 \times \dfrac{2}{9} = 1\dfrac{1}{9}\left(=\dfrac{10}{9}\right)$

24 $6 \times \dfrac{11}{12} = 5\dfrac{1}{2}\left(=\dfrac{11}{2}\right)$

25 $26 \times \dfrac{14}{13} = 28$

26 $10 \times \dfrac{17}{15} = 11\dfrac{1}{3}\left(=\dfrac{34}{3}\right)$

27 $4 \times \dfrac{23}{16} = 5\dfrac{3}{4}\left(=\dfrac{23}{4}\right)$

28 $2 \times \dfrac{26}{19} = 2\dfrac{14}{19}\left(=\dfrac{52}{19}\right)$

29 $18 \times \dfrac{25}{21} = 21\dfrac{3}{7}\left(=\dfrac{150}{7}\right)$

30 $6 \times \dfrac{29}{22} = 7\dfrac{10}{11}\left(=\dfrac{87}{11}\right)$

31 $16 \times \dfrac{7}{24} = 4\dfrac{2}{3}\left(=\dfrac{14}{3}\right)$

32 $15 \times \dfrac{14}{25} = 8\dfrac{2}{5}\left(=\dfrac{42}{5}\right)$

33 $6 \times \dfrac{4}{27} = \dfrac{8}{9}$

34 $24 \times \dfrac{5}{32} = 3\dfrac{3}{4}\left(=\dfrac{15}{4}\right)$

35 $2 \times \dfrac{8}{33} = \dfrac{16}{33}$

36 $4 \times \dfrac{13}{34} = 1\dfrac{9}{17}\left(=\dfrac{26}{17}\right)$

37 $7 \times \dfrac{39}{35} = 7\dfrac{4}{5}\left(=\dfrac{39}{5}\right)$

38 $72 \times \dfrac{41}{36} = 82$

39 $15 \times \dfrac{53}{42} = 18\dfrac{13}{14}\left(=\dfrac{265}{14}\right)$

40 $8 \times \dfrac{49}{44} = 8\dfrac{10}{11}\left(=\dfrac{98}{11}\right)$

41 $16 \times \dfrac{55}{48} = 18\dfrac{1}{3}\left(=\dfrac{55}{3}\right)$

42 $20 \times \dfrac{71}{60} = 23\dfrac{2}{3}\left(=\dfrac{71}{3}\right)$

68 · 더 연산 분수 B

3. 분수의 곱셈 · 69

정답 · 15

정답

DAY 16 (자연수)×(대분수)

정답 16쪽 | 맞힌 개수: /36

$4 \times 1\frac{3}{8}$의 계산

가분수로 나타내기

방법 1 $4 \times 1\frac{3}{8} = 4 \times \frac{11}{8} = \frac{11}{2} = 5\frac{1}{2}$

대분수를 자연수와 진분수로 나누기

방법 2 $4 \times 1\frac{3}{8} = (4 \times 1) + \left(4 \times \frac{3}{8}\right) = 4 + \frac{3}{2} = 4 + 1\frac{1}{2} = 5\frac{1}{2}$

● ☐안에 알맞은 수를 써넣으세요.

1 $7 \times 1\frac{1}{2} = 7 \times \frac{3}{2}$
   $= \frac{21}{2} = 10\frac{1}{2}$

2 $5 \times 2\frac{2}{3} = 5 \times \frac{8}{3}$
   $= \frac{40}{3} = 13\frac{1}{3}$

3 $6 \times 2\frac{3}{4} = 6 \times \frac{11}{4} = \frac{33}{2}$
   $= 16\frac{1}{2}$

4 $4 \times 2\frac{2}{5} = 4 \times \frac{12}{5}$
   $= \frac{48}{5} = 9\frac{3}{5}$

5 $8 \times 3\frac{1}{6} = 8 \times \frac{19}{6} = \frac{76}{3}$
   $= 25\frac{1}{3}$

6 $10 \times 4\frac{3}{8} = 10 \times \frac{35}{8} = \frac{175}{4}$
   $= 43\frac{3}{4}$

7 $5 \times 1\frac{1}{10} = (5 \times 1) + \left(5 \times \frac{1}{10}\right)$
   $= 5 + \frac{1}{2}$
   $= 5\frac{1}{2}$

8 $2 \times 2\frac{3}{14} = (2 \times 2) + \left(2 \times \frac{3}{14}\right)$
   $= 4 + \frac{3}{7}$
   $= 4\frac{3}{7}$

9 $4 \times 1\frac{7}{20} = (4 \times 1) + \left(4 \times \frac{7}{20}\right)$
   $= 4 + \frac{7}{5}$
   $= 4 + 1\frac{2}{5}$
   $= 5\frac{2}{5}$

10 $6 \times 3\frac{1}{24} = (6 \times 3) + \left(6 \times \frac{1}{24}\right)$
   $= 18 + \frac{1}{4}$
   $= 18\frac{1}{4}$

11 $8 \times 2\frac{3}{32} = (8 \times 2) + \left(8 \times \frac{3}{32}\right)$
   $= 16 + \frac{3}{4}$
   $= 16\frac{3}{4}$

12 $4 \times 1\frac{15}{44} = (4 \times 1) + \left(4 \times \frac{15}{44}\right)$
   $= 4 + \frac{15}{11}$
   $= 4 + 1\frac{4}{11}$
   $= 5\frac{4}{11}$

정답 16쪽

● 계산하여 기약분수로 나타내어 보세요.

13 $5 \times 1\frac{2}{3} = 8\frac{1}{3}\left(= \frac{25}{3}\right)$

14 $6 \times 3\frac{1}{4} = 19\frac{1}{2}\left(= \frac{39}{2}\right)$

15 $10 \times 2\frac{3}{5} = 26$

16 $4 \times 2\frac{1}{6} = 8\frac{2}{3}\left(= \frac{26}{3}\right)$

17 $5 \times 3\frac{3}{7} = 17\frac{1}{7}\left(= \frac{120}{7}\right)$

18 $12 \times 1\frac{5}{9} = 18\frac{2}{3}\left(= \frac{56}{3}\right)$

19 $4 \times 2\frac{5}{12} = 9\frac{2}{3}\left(= \frac{29}{3}\right)$

20 $2 \times 1\frac{4}{13} = 2\frac{8}{13}\left(= \frac{34}{13}\right)$

21 $6 \times 3\frac{2}{15} = 18\frac{4}{5}\left(= \frac{94}{5}\right)$

22 $24 \times 1\frac{1}{16} = 25\frac{1}{2}\left(= \frac{51}{2}\right)$

23 $3 \times 2\frac{6}{17} = 7\frac{1}{17}\left(= \frac{120}{17}\right)$

24 $8 \times 2\frac{5}{18} = 18\frac{2}{9}\left(= \frac{164}{9}\right)$

25 $4 \times 1\frac{9}{20} = 5\frac{4}{5}\left(= \frac{29}{5}\right)$

26 $14 \times 2\frac{4}{21} = 30\frac{2}{3}\left(= \frac{92}{3}\right)$

27 $46 \times 1\frac{8}{23} = 62$

28 $15 \times 3\frac{2}{25} = 46\frac{1}{5}\left(= \frac{231}{5}\right)$

29 $9 \times 1\frac{4}{27} = 10\frac{1}{3}\left(= \frac{31}{3}\right)$

30 $4 \times 2\frac{5}{32} = 8\frac{5}{8}\left(= \frac{69}{8}\right)$

31 $3 \times 1\frac{8}{33} = 3\frac{8}{11}\left(= \frac{41}{11}\right)$

32 $2 \times 3\frac{7}{34} = 6\frac{7}{17}\left(= \frac{109}{17}\right)$

33 $7 \times 1\frac{5}{42} = 7\frac{5}{6}\left(= \frac{47}{6}\right)$

34 $5 \times 2\frac{2}{45} = 10\frac{2}{9}\left(= \frac{92}{9}\right)$

35 $69 \times 1\frac{7}{46} = 79\frac{1}{2}\left(= \frac{159}{2}\right)$

36 $18 \times 2\frac{11}{54} = 39\frac{2}{3}\left(= \frac{119}{3}\right)$

DAY 17 (진분수)×(진분수), (진분수)×(가분수)

이렇게 계산해요

$\frac{2}{5} \times \frac{3}{8}$ 의 계산

방법 1
분자끼리 곱하기
$\frac{2}{5} \times \frac{3}{8} = \frac{2 \times 3}{5 \times 8} = \frac{6}{40} = \frac{3}{20}$
분모끼리 곱하기

방법 2
$\frac{\overset{1}{2}}{5} \times \frac{3}{\underset{4}{8}} = \frac{3}{20}$

● □안에 알맞은 수를 써넣으세요.

1. $\frac{1}{3} \times \frac{4}{5} = \frac{1 \times 4}{3 \times 5} = \frac{4}{15}$

2. $\frac{3}{4} \times \frac{6}{7} = \frac{3 \times 6}{4 \times 7} = \frac{18}{28}$
$= \frac{9}{14}$

3. $\frac{2}{5} \times \frac{2}{9} = \frac{2 \times 2}{5 \times 9} = \frac{4}{45}$

4. $\frac{5}{6} \times \frac{11}{8} = \frac{5 \times 11}{6 \times 8} = \frac{55}{48}$
$= 1\frac{7}{48}$

5. $\frac{4}{7} \times \frac{10}{9} = \frac{4 \times 10}{7 \times 9} = \frac{40}{63}$

6. $\frac{4}{9} \times \frac{6}{5} = \frac{4 \times 6}{9 \times 5} = \frac{24}{45}$
$= \frac{8}{15}$

7. $\frac{7}{10} \times \frac{1}{2} = \frac{7}{20}$

8. $\frac{5}{12} \times \frac{3}{4} = \frac{5}{16}$

9. $\frac{9}{14} \times \frac{4}{7} = \frac{18}{49}$

10. $\frac{7}{18} \times \frac{3}{8} = \frac{7}{48}$

11. $\frac{4}{21} \times \frac{5}{6} = \frac{10}{63}$

12. $\frac{9}{25} \times \frac{5}{7} = \frac{9}{35}$

13. $\frac{11}{28} \times \frac{14}{5} = \frac{11}{10} = 1\frac{1}{10}$

14. $\frac{13}{30} \times \frac{20}{9} = \frac{26}{27}$

15. $\frac{27}{32} \times \frac{8}{5} = \frac{27}{20} = 1\frac{7}{20}$

16. $\frac{17}{36} \times \frac{12}{7} = \frac{17}{21}$

17. $\frac{5}{42} \times \frac{35}{3} = \frac{25}{18} = 1\frac{7}{18}$

18. $\frac{17}{48} \times \frac{24}{11} = \frac{17}{22}$

3

● 계산하여 기약분수로 나타내어 보세요.

19. $\frac{1}{2} \times \frac{1}{5} = \frac{1}{10}$

20. $\frac{2}{3} \times \frac{6}{7} = \frac{4}{7}$

21. $\frac{4}{5} \times \frac{7}{8} = \frac{7}{10}$

22. $\frac{2}{7} \times \frac{3}{4} = \frac{3}{14}$

23. $\frac{5}{8} \times \frac{1}{10} = \frac{1}{16}$

24. $\frac{7}{9} \times \frac{4}{5} = \frac{28}{45}$

25. $\frac{1}{10} \times \frac{12}{11} = \frac{6}{55}$

26. $\frac{4}{11} \times \frac{22}{15} = \frac{8}{15}$

27. $\frac{7}{12} \times \frac{6}{5} = \frac{7}{10}$

28. $\frac{8}{15} \times \frac{10}{9} = \frac{16}{27}$

29. $\frac{15}{16} \times \frac{8}{3} = 2\frac{1}{2}\left(=\frac{5}{2}\right)$

30. $\frac{6}{19} \times \frac{5}{4} = \frac{15}{38}$

31. $\frac{7}{20} \times \frac{4}{11} = \frac{7}{55}$

32. $\frac{9}{22} \times \frac{8}{15} = \frac{12}{55}$

33. $\frac{1}{24} \times \frac{6}{7} = \frac{1}{28}$

34. $\frac{14}{25} \times \frac{2}{7} = \frac{4}{25}$

35. $\frac{8}{27} \times \frac{18}{19} = \frac{16}{57}$

36. $\frac{13}{30} \times \frac{10}{17} = \frac{13}{51}$

37. $\frac{9}{34} \times \frac{17}{15} = \frac{3}{10}$

38. $\frac{12}{35} \times \frac{7}{4} = \frac{3}{5}$

39. $\frac{7}{40} \times \frac{20}{11} = \frac{7}{22}$

40. $\frac{21}{44} \times \frac{11}{7} = \frac{3}{4}$

41. $\frac{35}{46} \times \frac{9}{5} = 1\frac{17}{46}\left(=\frac{63}{46}\right)$

42. $\frac{25}{54} \times \frac{16}{15} = \frac{40}{81}$

3

정답

DAY 18 (대분수)×(진분수), (대분수)×(가분수)

어떻게 계산할까요

$2\frac{1}{2} \times \frac{2}{3}$의 계산

가분수로 나타내기

방법 1 $2\frac{1}{2} \times \frac{2}{3} = \frac{5}{2} \times \frac{2}{3} = \frac{5}{3} = 1\frac{2}{3}$

대분수를 자연수와 진분수로 나누기

방법 2 $2\frac{1}{2} \times \frac{2}{3} = \left(2 \times \frac{2}{3}\right) + \left(\frac{1}{2} \times \frac{2}{3}\right) = \frac{4}{3} + \frac{1}{3} = \frac{5}{3} = 1\frac{2}{3}$

● □안에 알맞은 수를 써넣으세요.

1 $1\frac{3}{4} \times \frac{8}{9} = \frac{7}{4} \times \frac{\overset{2}{\cancel{8}}}{9} = \frac{14}{9}$

$= 1\frac{5}{9}$

2 $2\frac{2}{5} \times \frac{2}{3} = \frac{12}{5} \times \frac{\overset{4}{\cancel{2}}}{3} = \frac{8}{5}$

$= 1\frac{3}{5}$

3 $1\frac{3}{7} \times \frac{9}{5} = \frac{10}{7} \times \frac{9}{\underset{1}{\cancel{5}}} = \frac{18}{7}$

$= 2\frac{4}{7}$

4 $3\frac{1}{9} \times \frac{5}{4} = \frac{28}{9} \times \frac{5}{\underset{1}{\cancel{4}}} = \frac{35}{9}$

$= 3\frac{8}{9}$

5 $2\frac{1}{10} \times \frac{1}{2}$

$= \left(2 \times \frac{1}{2}\right) + \left(\frac{1}{10} \times \frac{1}{2}\right)$

$= 1 + \frac{1}{20} = 1\frac{1}{20}$

6 $4\frac{9}{14} \times \frac{2}{5}$

$= \left(4 \times \frac{2}{5}\right) + \left(\frac{9}{14} \times \frac{\overset{1}{\cancel{2}}}{5}\right)$

$= \frac{8}{5} + \frac{9}{35} = \frac{65}{35}$

$= \frac{13}{7} = 1\frac{6}{7}$

7 $1\frac{7}{18} \times \frac{9}{11}$

$= \left(1 \times \frac{9}{11}\right) + \left(\frac{7}{18} \times \frac{\overset{1}{\cancel{9}}}{11}\right)$

$= \frac{9}{11} + \frac{7}{22}$

$= \frac{25}{22} = 1\frac{3}{22}$

8 $3\frac{4}{21} \times \frac{5}{3}$

$= \left(3 \times \frac{5}{3}\right) + \left(\frac{4}{21} \times \frac{5}{3}\right)$

$= 5 + \frac{20}{63} = 5\frac{20}{63}$

9 $1\frac{2}{25} \times \frac{10}{9}$

$= \left(1 \times \frac{10}{9}\right) + \left(\frac{2}{25} \times \frac{\overset{2}{\cancel{10}}}{9}\right)$

$= \frac{10}{9} + \frac{4}{45} = \frac{54}{45}$

$= \frac{6}{5} = 1\frac{1}{5}$

10 $1\frac{9}{26} \times \frac{13}{7}$

$= \left(1 \times \frac{13}{7}\right) + \left(\frac{9}{26} \times \frac{\overset{1}{\cancel{13}}}{7}\right)$

$= \frac{13}{7} + \frac{9}{14} = \frac{35}{14}$

$= \frac{5}{2} = 2\frac{1}{2}$

● 계산하여 기약분수로 나타내어 보세요.

11 $2\frac{2}{3} \times \frac{3}{5} = 1\frac{3}{5}\left(=\frac{8}{5}\right)$

12 $5\frac{1}{4} \times \frac{2}{7} = 1\frac{1}{2}\left(=\frac{3}{2}\right)$

13 $4\frac{4}{5} \times \frac{5}{6} = 4$

14 $6\frac{5}{6} \times \frac{8}{9} = 6\frac{2}{27}\left(=\frac{164}{27}\right)$

15 $2\frac{4}{7} \times \frac{5}{6} = 2\frac{1}{7}\left(=\frac{15}{7}\right)$

16 $1\frac{7}{8} \times \frac{9}{10} = 1\frac{11}{16}\left(=\frac{27}{16}\right)$

17 $3\frac{5}{9} \times \frac{11}{8} = 4\frac{8}{9}\left(=\frac{44}{9}\right)$

18 $1\frac{3}{10} \times \frac{5}{2} = 3\frac{1}{4}\left(=\frac{13}{4}\right)$

19 $4\frac{4}{11} \times \frac{13}{6} = 9\frac{5}{11}\left(=\frac{104}{11}\right)$

20 $5\frac{7}{12} \times \frac{8}{5} = 8\frac{14}{15}\left(=\frac{134}{15}\right)$

21 $3\frac{9}{14} \times \frac{7}{2} = 12\frac{3}{4}\left(=\frac{51}{4}\right)$

22 $2\frac{8}{15} \times \frac{9}{4} = 5\frac{7}{10}\left(=\frac{57}{10}\right)$

23 $6\frac{3}{16} \times \frac{4}{9} = 2\frac{3}{4}\left(=\frac{11}{4}\right)$

24 $1\frac{5}{17} \times \frac{3}{11} = \frac{6}{17}$

25 $2\frac{5}{18} \times \frac{9}{14} = 1\frac{13}{28}\left(=\frac{41}{28}\right)$

26 $1\frac{13}{19} \times \frac{5}{8} = 1\frac{1}{19}\left(=\frac{20}{19}\right)$

27 $3\frac{9}{20} \times \frac{4}{7} = 1\frac{34}{35}\left(=\frac{69}{35}\right)$

28 $4\frac{1}{21} \times \frac{7}{10} = 2\frac{5}{6}\left(=\frac{17}{6}\right)$

29 $2\frac{1}{22} \times \frac{12}{5} = 4\frac{10}{11}\left(=\frac{54}{11}\right)$

30 $4\frac{5}{24} \times \frac{8}{3} = 11\frac{2}{9}\left(=\frac{101}{9}\right)$

31 $1\frac{3}{25} \times \frac{9}{4} = 2\frac{13}{25}\left(=\frac{63}{25}\right)$

32 $3\frac{5}{27} \times \frac{18}{5} = 11\frac{7}{15}\left(=\frac{172}{15}\right)$

33 $6\frac{1}{28} \times \frac{15}{13} = 6\frac{27}{28}\left(=\frac{195}{28}\right)$

34 $2\frac{17}{30} \times \frac{20}{7} = 7\frac{1}{3}\left(=\frac{22}{3}\right)$

19 DAY (대분수)×(대분수)

정답 19쪽 | 맞힌 개수: /34

$2\frac{2}{3}\times1\frac{1}{4}$의 계산

방법 ① $2\frac{2}{3}\times1\frac{1}{4}=\frac{8}{3}\times\frac{5}{4}=\frac{10}{3}=3\frac{1}{3}$

→ (가분수)×(가분수)로 바꾸기

방법 ② $2\frac{2}{3}\times1\frac{1}{4}=(2\frac{2}{3}\times1)+(2\frac{2}{3}\times\frac{1}{4})=2\frac{2}{3}+(\frac{8}{3}\times\frac{1}{4})$

대분수를 자연수와 진분수로 나누기 $=2\frac{2}{3}+\frac{2}{3}=2\frac{4}{3}=3\frac{1}{3}$

● ☐ 안에 알맞은 수를 써넣으세요.

1 $1\frac{1}{2}\times2\frac{4}{5}=\frac{3}{2}\times\frac{14}{5}=\frac{\boxed{21}}{5}$

$=\boxed{4}\frac{\boxed{1}}{5}$

3 $2\frac{5}{6}\times1\frac{1}{8}=\frac{17}{6}\times\frac{\boxed{3}\,9}{8}=\frac{\boxed{51}}{16}$

$=\boxed{3}\frac{\boxed{3}}{16}$

2 $3\frac{1}{4}\times1\frac{1}{7}=\frac{13}{4}\times\frac{\boxed{2}\,8}{7}=\frac{\boxed{26}}{7}$

$=\boxed{3}\frac{\boxed{5}}{7}$

4 $1\frac{3}{8}\times1\frac{1}{3}=\frac{11}{8}\times\frac{\boxed{1}\,4}{3}=\frac{\boxed{11}}{6}$

$=\boxed{1}\frac{\boxed{5}}{6}$

5 $1\frac{1}{9}\times1\frac{1}{10}$

$=(1\frac{1}{9}\times1)+(1\frac{1}{9}\times\frac{1}{10})$

$=1\frac{1}{9}+(\frac{10}{9}\times\frac{\boxed{1}}{10})$

$=1\frac{1}{9}+\frac{1}{9}=1\frac{\boxed{2}}{9}$

6 $2\frac{7}{10}\times1\frac{1}{9}$

$=(2\frac{7}{10}\times1)+(2\frac{7}{10}\times\frac{1}{9})$

$=2\frac{7}{10}+(\frac{27}{10}\times\frac{\boxed{3}}{9})$

$=2\frac{7}{10}+\frac{\boxed{3}}{10}=\boxed{3}$

7 $2\frac{2}{15}\times1\frac{7}{8}$

$=(2\frac{2}{15}\times1)+(2\frac{2}{15}\times\frac{7}{8})$

$=2\frac{2}{15}+(\frac{\boxed{4}\,32}{15}\times\frac{7}{8})$

$=2\frac{2}{15}+\frac{\boxed{28}}{15}=\boxed{4}$

8 $1\frac{11}{21}\times1\frac{1}{4}$

$=(1\frac{11}{21}\times1)+(1\frac{11}{21}\times\frac{1}{4})$

$=1\frac{11}{21}+(\frac{\boxed{8}\,32}{21}\times\frac{1}{4})$

$=1\frac{11}{21}+\frac{8}{21}=1\frac{\boxed{19}}{21}$

9 $1\frac{8}{25}\times1\frac{1}{11}$

$=(1\frac{8}{25}\times1)+(1\frac{8}{25}\times\frac{1}{11})$

$=1\frac{8}{25}+(\frac{\boxed{3}\,33}{25}\times\frac{1}{11})$

$=1\frac{8}{25}+\frac{3}{25}=1\frac{\boxed{11}}{25}$

10 $2\frac{1}{27}\times1\frac{2}{5}$

$=(2\frac{1}{27}\times1)+(2\frac{1}{27}\times\frac{2}{5})$

$=2\frac{1}{27}+(\frac{\boxed{11}\,55}{27}\times\frac{2}{5})$

$=2\frac{1}{27}+\frac{\boxed{22}}{27}=\boxed{2}\frac{\boxed{23}}{27}$

82 · 더 연산 분수 B

3. 분수의 곱셈 · 83

● 계산하여 기약분수로 나타내어 보세요.

11 $1\frac{1}{3}\times3\frac{1}{4}=4\frac{1}{3}(=\frac{13}{3})$

12 $5\frac{3}{4}\times1\frac{2}{7}=7\frac{11}{28}(=\frac{207}{28})$

13 $4\frac{4}{5}\times2\frac{5}{6}=13\frac{3}{5}(=\frac{68}{5})$

14 $6\frac{1}{6}\times3\frac{3}{5}=22\frac{1}{5}(=\frac{111}{5})$

15 $2\frac{4}{7}\times6\frac{2}{9}=16$

16 $4\frac{5}{7}\times1\frac{2}{3}=7\frac{6}{7}(=\frac{55}{7})$

17 $3\frac{3}{8}\times2\frac{2}{9}=7\frac{1}{2}(=\frac{15}{2})$

18 $5\frac{4}{9}\times3\frac{3}{7}=18\frac{2}{3}(=\frac{56}{3})$

19 $6\frac{1}{9}\times4\frac{4}{5}=29\frac{1}{3}(=\frac{88}{3})$

20 $1\frac{9}{10}\times1\frac{3}{5}=3\frac{1}{25}(=\frac{76}{25})$

21 $2\frac{2}{11}\times3\frac{5}{6}=8\frac{4}{11}(=\frac{92}{11})$

22 $3\frac{5}{12}\times1\frac{5}{7}=5\frac{6}{7}(=\frac{41}{7})$

23 $5\frac{5}{12}\times2\frac{1}{10}=11\frac{3}{8}(=\frac{91}{8})$

24 $4\frac{3}{13}\times3\frac{2}{5}=14\frac{5}{13}(=\frac{187}{13})$

25 $1\frac{9}{14}\times1\frac{3}{4}=2\frac{7}{8}(=\frac{23}{8})$

26 $2\frac{8}{15}\times5\frac{5}{8}=14\frac{1}{4}(=\frac{57}{4})$

27 $6\frac{3}{16}\times1\frac{5}{9}=9\frac{5}{8}(=\frac{77}{8})$

28 $3\frac{7}{18}\times2\frac{2}{3}=9\frac{1}{27}(=\frac{244}{27})$

29 $2\frac{9}{20}\times3\frac{4}{7}=8\frac{3}{4}(=\frac{35}{4})$

30 $5\frac{1}{21}\times1\frac{2}{5}=7\frac{1}{15}(=\frac{106}{15})$

31 $4\frac{3}{22}\times1\frac{5}{6}=7\frac{7}{12}(=\frac{91}{12})$

32 $1\frac{7}{24}\times3\frac{5}{9}=4\frac{16}{27}(=\frac{124}{27})$

33 $2\frac{5}{28}\times4\frac{2}{3}=10\frac{1}{6}(=\frac{61}{6})$

34 $3\frac{11}{30}\times2\frac{1}{7}=7\frac{3}{14}(=\frac{101}{14})$

84 · 더 연산 분수 B

3. 분수의 곱셈 · 85

정답 · **19**

정답

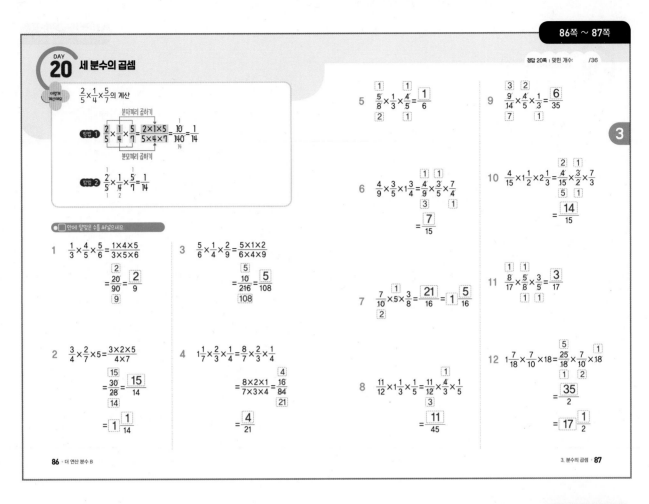

DAY 20 세 분수의 곱셈

정답 20쪽 | 맞힌 개수: /36

개념정리

$\dfrac{2}{5} \times \dfrac{1}{4} \times \dfrac{5}{7}$ 의 계산

방법 1 분자끼리 곱하기
$$\dfrac{2}{5} \times \dfrac{1}{4} \times \dfrac{5}{7} = \dfrac{2 \times 1 \times 5}{5 \times 4 \times 7} = \dfrac{10}{140} = \dfrac{1}{14}$$
분모끼리 곱하기

방법 2 $\overset{1}{\dfrac{2}{5}} \times \overset{}{\dfrac{1}{4}} \times \overset{}{\dfrac{5}{7}} = \dfrac{1}{14}$

● □안에 알맞은 수를 써넣으세요.

1 $\dfrac{1}{3} \times \dfrac{4}{5} \times \dfrac{5}{6} = \dfrac{1 \times 4 \times 5}{3 \times 5 \times 6}$

$= \dfrac{\boxed{2}}{\boxed{9}} \dfrac{20}{90} = \dfrac{2}{9}$

2 $\dfrac{3}{4} \times \dfrac{2}{7} \times 5 = \dfrac{3 \times 2 \times 5}{4 \times 7}$

$= \dfrac{\boxed{15}}{\boxed{14}} \dfrac{30}{28} = \dfrac{15}{14}$

$= 1\dfrac{1}{14}$

3 $\dfrac{5}{6} \times \dfrac{1}{4} \times \dfrac{2}{9} = \dfrac{5 \times 1 \times 2}{6 \times 4 \times 9}$

$= \dfrac{\boxed{5}}{\boxed{108}} \dfrac{10}{216} = \dfrac{5}{108}$

4 $1\dfrac{1}{7} \times \dfrac{2}{3} \times \dfrac{1}{4} = \dfrac{8}{7} \times \dfrac{2}{3} \times \dfrac{1}{4}$

$= \dfrac{8 \times 2 \times 1}{7 \times 3 \times 4} = \dfrac{\boxed{4}}{\boxed{21}} \dfrac{16}{84}$

$= \dfrac{4}{21}$

5 $\dfrac{5}{8} \times \dfrac{1}{3} \times \dfrac{4}{5} = \dfrac{\boxed{1}}{6}$ (1, 1 / 2, 1)

6 $\dfrac{4}{9} \times \dfrac{3}{5} \times 1\dfrac{3}{4} = \dfrac{4}{9} \times \dfrac{3}{5} \times \dfrac{7}{4}$ (1, 1 / 3, 1)

$= \dfrac{7}{15}$

7 $\dfrac{7}{10} \times \dfrac{1}{5} \times \dfrac{3}{8} = \dfrac{\boxed{21}}{16} = 1\dfrac{5}{16}$ (1, 2)

8 $\dfrac{11}{12} \times 1\dfrac{1}{3} \times \dfrac{1}{5} = \dfrac{11}{12} \times \dfrac{4}{3} \times \dfrac{1}{5}$ (1, 3)

$= \dfrac{11}{45}$

9 $\dfrac{9}{14} \times \dfrac{4}{5} \times \dfrac{1}{3} = \dfrac{\boxed{6}}{35}$ (3, 2 / 7, 1)

10 $\dfrac{4}{15} \times 1\dfrac{1}{2} \times 2\dfrac{1}{3} = \dfrac{4}{15} \times \dfrac{3}{2} \times \dfrac{7}{3}$ (2, 1 / 5, 1)

$= \dfrac{14}{15}$

11 $\dfrac{8}{17} \times \dfrac{5}{8} \times \dfrac{3}{5} = \dfrac{\boxed{3}}{17}$ (1, 1 / 1, 1)

12 $1\dfrac{7}{18} \times \dfrac{7}{10} \times 18 = \dfrac{25}{18} \times \dfrac{7}{10} \times 18$ (5, 1 / 1, 2)

$= \dfrac{35}{2}$

$= 17\dfrac{1}{2}$

86 · 더 연산 분수 B

3. 분수의 곱셈 · 87

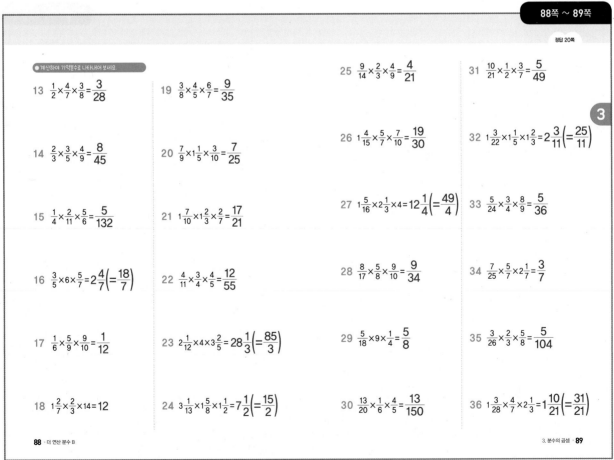

정답 20쪽

● 계산하여 기약분수로 나타내어 보세요.

13 $\dfrac{1}{2} \times \dfrac{4}{7} \times \dfrac{3}{8} = \dfrac{3}{28}$

14 $\dfrac{2}{3} \times \dfrac{3}{5} \times \dfrac{4}{9} = \dfrac{8}{45}$

15 $\dfrac{1}{4} \times \dfrac{2}{11} \times \dfrac{5}{6} = \dfrac{5}{132}$

16 $\dfrac{3}{5} \times 6 \times \dfrac{5}{7} = 2\dfrac{4}{7}\left(= \dfrac{18}{7}\right)$

17 $\dfrac{1}{6} \times \dfrac{5}{9} \times \dfrac{9}{10} = \dfrac{1}{12}$

18 $1\dfrac{2}{7} \times \dfrac{2}{3} \times 14 = 12$

19 $\dfrac{3}{8} \times \dfrac{4}{5} \times \dfrac{6}{7} = \dfrac{9}{35}$

20 $\dfrac{7}{9} \times 1\dfrac{1}{5} \times \dfrac{3}{10} = \dfrac{7}{25}$

21 $1\dfrac{7}{10} \times 1\dfrac{2}{3} \times \dfrac{2}{7} = \dfrac{17}{21}$

22 $\dfrac{4}{11} \times \dfrac{3}{4} \times \dfrac{4}{5} = \dfrac{12}{55}$

23 $2\dfrac{1}{12} \times 4 \times 3\dfrac{2}{5} = 28\dfrac{1}{3}\left(= \dfrac{85}{3}\right)$

24 $3\dfrac{1}{13} \times 1\dfrac{5}{8} \times 1\dfrac{1}{2} = 7\dfrac{1}{2}\left(= \dfrac{15}{2}\right)$

25 $\dfrac{9}{14} \times \dfrac{2}{3} \times \dfrac{4}{9} = \dfrac{4}{21}$

26 $1\dfrac{4}{15} \times \dfrac{5}{7} \times \dfrac{7}{10} = \dfrac{19}{30}$

27 $1\dfrac{5}{16} \times 2\dfrac{1}{3} \times 4 = 12\dfrac{1}{4}\left(= \dfrac{49}{4}\right)$

28 $\dfrac{8}{17} \times \dfrac{5}{8} \times \dfrac{9}{10} = \dfrac{9}{34}$

29 $\dfrac{5}{18} \times 9 \times \dfrac{1}{4} = \dfrac{5}{8}$

30 $\dfrac{13}{20} \times \dfrac{1}{6} \times \dfrac{4}{5} = \dfrac{13}{150}$

31 $\dfrac{10}{21} \times \dfrac{1}{2} \times \dfrac{3}{7} = \dfrac{5}{49}$

32 $1\dfrac{3}{22} \times 1\dfrac{1}{5} \times 1\dfrac{2}{3} = 2\dfrac{3}{11}\left(= \dfrac{25}{11}\right)$

33 $\dfrac{5}{24} \times \dfrac{3}{4} \times \dfrac{8}{9} = \dfrac{5}{36}$

34 $\dfrac{7}{25} \times \dfrac{5}{7} \times 2\dfrac{1}{7} = \dfrac{3}{7}$

35 $\dfrac{3}{26} \times \dfrac{2}{3} \times \dfrac{5}{8} = \dfrac{5}{104}$

36 $1\dfrac{3}{28} \times \dfrac{4}{7} \times 2\dfrac{1}{3} = 1\dfrac{10}{21}\left(= \dfrac{31}{21}\right)$

88 · 더 연산 분수 B

3. 분수의 곱셈 · 89

20 · 더 연산 분수 B

DAY 21 평가

● 계산하여 기약분수로 나타내어 보세요.

1 $\frac{2}{3} \times 6 = 4$

2 $\frac{3}{4} \times \frac{8}{9} = \frac{2}{3}$

3 $2\frac{4}{5} \times \frac{5}{6} = 2\frac{1}{3}\left(=\frac{7}{3}\right)$

4 $\frac{1}{6} \times \frac{2}{3} \times \frac{9}{10} = \frac{1}{10}$

5 $2 \times 3\frac{1}{7} = 6\frac{2}{7}\left(=\frac{44}{7}\right)$

6 $1\frac{7}{8} \times 2\frac{2}{5} = 4\frac{1}{2}\left(=\frac{9}{2}\right)$

7 $3 \times \frac{8}{9} = 2\frac{2}{3}\left(=\frac{8}{3}\right)$

8 $2\frac{3}{10} \times 5 = 11\frac{1}{2}\left(=\frac{23}{2}\right)$

9 $\frac{11}{12} \times 8 = 7\frac{1}{3}\left(=\frac{22}{3}\right)$

10 $\frac{5}{14} \times \frac{12}{7} = \frac{30}{49}$

11 $1\frac{7}{15} \times 10 = 14\frac{2}{3}\left(=\frac{44}{3}\right)$

12 $\frac{15}{16} \times \frac{4}{5} = \frac{3}{4}$

13 $3\frac{7}{18} \times \frac{6}{5} = 4\frac{1}{15}\left(=\frac{61}{15}\right)$

14 $\frac{11}{20} \times 4 \times \frac{3}{7} = \frac{33}{35}$

15 $4 \times \frac{29}{24} = 4\frac{5}{6}\left(=\frac{29}{6}\right)$

16 $4\frac{2}{25} \times \frac{5}{9} = 2\frac{4}{15}\left(=\frac{34}{15}\right)$

17 $2 \times 2\frac{15}{26} = 5\frac{2}{13}\left(=\frac{67}{13}\right)$

18 $\frac{29}{27} \times 6 = 6\frac{4}{9}\left(=\frac{58}{9}\right)$

19 $\frac{5}{28} \times \frac{4}{3} \times \frac{2}{5} = \frac{2}{21}$

20 $1\frac{7}{30} \times 3\frac{3}{4} = 4\frac{5}{8}\left(=\frac{37}{8}\right)$

21 $1\frac{3}{32} \times 24 = 26\frac{1}{4}\left(=\frac{105}{4}\right)$

22 $17 \times \frac{39}{34} = 19\frac{1}{2}\left(=\frac{39}{2}\right)$

23 $21 \times 2\frac{6}{35} = 45\frac{3}{5}\left(=\frac{228}{5}\right)$

24 $2\frac{5}{36} \times 3\frac{15}{22} = 7\frac{7}{8}\left(=\frac{63}{8}\right)$

다른 그림 찾기

정답 21쪽

≫ 다른 그림 8곳을 찾아보세요. ☆

정답

DAY 22 (진분수)÷(자연수), (가분수)÷(자연수)

정답 22쪽 | 맞힌 개수: /44

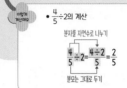

• $\frac{4}{5} \div 2$의 계산

분자를 자연수로 나누기

$\frac{4}{5} \div 2 = \frac{4 \div 2}{5} = \frac{2}{5}$

분모는 그대로 두기

• $\frac{3}{4} \div 2$의 계산

분자 3이 자연수 2의 배수인 6이 되도록 바꾸기

$\frac{3}{4} \div 2 = \frac{6}{8} \div 2 = \frac{6 \div 2}{8} = \frac{3}{8}$

● ☐안에 알맞은 수를 써넣으세요.

1 $\frac{2}{3} \div 2 = \frac{2 \div \boxed{2}}{3} = \frac{\boxed{1}}{3}$

2 $\frac{3}{5} \div 2 = \frac{\boxed{6}}{10} \div 2$
$= \frac{\boxed{6} \div 2}{10} = \frac{\boxed{3}}{10}$

3 $\frac{5}{6} \div 5 = \frac{5 \div \boxed{5}}{6} = \frac{\boxed{1}}{6}$

4 $\frac{5}{7} \div 2 = \frac{\boxed{10}}{14} \div 2$
$= \frac{\boxed{10} \div 2}{14} = \frac{\boxed{5}}{14}$

5 $\frac{8}{7} \div 4 = \frac{8 \div \boxed{4}}{7} = \frac{\boxed{2}}{7}$

6 $\frac{11}{8} \div 3 = \frac{\boxed{33}}{24} \div 3$
$= \frac{\boxed{33} \div 3}{24} = \frac{\boxed{11}}{24}$

7 $\frac{15}{8} \div 5 = \frac{15 \div \boxed{5}}{8} = \frac{\boxed{3}}{8}$

8 $\frac{10}{9} \div 3 = \frac{\boxed{30}}{27} \div 3$
$= \frac{\boxed{30} \div 3}{27} = \frac{\boxed{10}}{27}$

9 $\frac{10}{11} \div 5 = \frac{\boxed{10} \div 5}{11} = \frac{\boxed{2}}{11}$

10 $\frac{8}{13} \div 3 = \frac{\boxed{24}}{39} \div 3$
$= \frac{\boxed{24} \div 3}{39} = \frac{\boxed{8}}{39}$

11 $\frac{8}{15} \div 4 = \frac{8 \div \boxed{4}}{15} = \frac{\boxed{2}}{15}$

12 $\frac{3}{16} \div 2 = \frac{\boxed{6}}{32} \div 2$
$= \frac{\boxed{6} \div 2}{32} = \frac{\boxed{3}}{32}$

13 $\frac{9}{20} \div 3 = \frac{9 \div \boxed{3}}{20} = \frac{\boxed{3}}{20}$

14 $\frac{2}{23} \div 6 = \frac{\boxed{6}}{69} \div 6$
$= \frac{\boxed{6} \div 6}{69} = \frac{\boxed{1}}{69}$

15 $\frac{35}{27} \div 5 = \frac{35 \div \boxed{5}}{27} = \frac{\boxed{7}}{27}$

16 $\frac{34}{31} \div 3 = \frac{\boxed{102}}{93} \div 3$
$= \frac{\boxed{102} \div 3}{93} = \frac{\boxed{34}}{93}$

17 $\frac{35}{33} \div 7 = \frac{35 \div \boxed{7}}{33} = \frac{\boxed{5}}{33}$

18 $\frac{39}{38} \div 2 = \frac{\boxed{78}}{76} \div 2$
$= \frac{\boxed{78} \div 2}{76} = \frac{\boxed{39}}{76}$

19 $\frac{56}{45} \div 8 = \frac{56 \div \boxed{8}}{45} = \frac{\boxed{7}}{45}$

20 $\frac{52}{49} \div 3 = \frac{\boxed{156}}{147} \div 3$
$= \frac{\boxed{156} \div 3}{147} = \frac{\boxed{52}}{147}$

94 · 더 연산 분수 B

4. 분수의 나눗셈 · 95

정답 22쪽

● 계산하여 기약분수로 나타내어 보세요.

21 $\frac{3}{4} \div 3 = \frac{1}{4}$

22 $\frac{2}{5} \div 3 = \frac{2}{15}$

23 $\frac{4}{7} \div 2 = \frac{2}{7}$

24 $\frac{3}{8} \div 4 = \frac{3}{32}$

25 $\frac{4}{9} \div 5 = \frac{4}{45}$

26 $\frac{9}{10} \div 3 = \frac{3}{10}$

27 $\frac{13}{12} \div 2 = \frac{13}{24}$

28 $\frac{18}{13} \div 6 = \frac{3}{13}$

29 $\frac{15}{14} \div 3 = \frac{5}{14}$

30 $\frac{19}{16} \div 2 = \frac{19}{32}$

31 $\frac{20}{17} \div 4 = \frac{5}{17}$

32 $\frac{23}{20} \div 3 = \frac{23}{60}$

33 $\frac{16}{21} \div 8 = \frac{2}{21}$

34 $\frac{7}{22} \div 4 = \frac{7}{88}$

35 $\frac{12}{25} \div 6 = \frac{2}{25}$

36 $\frac{15}{26} \div 5 = \frac{3}{26}$

37 $\frac{3}{28} \div 2 = \frac{3}{56}$

38 $\frac{24}{29} \div 4 = \frac{6}{29}$

39 $\frac{37}{30} \div 3 = \frac{37}{90}$

40 $\frac{35}{32} \div 7 = \frac{5}{32}$

41 $\frac{36}{35} \div 2 = \frac{18}{35}$

42 $\frac{40}{37} \div 4 = \frac{10}{37}$

43 $\frac{41}{40} \div 3 = \frac{41}{120}$

44 $\frac{56}{45} \div 7 = \frac{8}{45}$

96 · 더 연산 분수 B

4. 분수의 나눗셈 · 97

22 • 더 연산 분수 B

DAY 23 (대분수)÷(자연수)

어떻게 계산하요

$2\frac{2}{3} \div 2$의 계산

방법 **1** 분자를 자연수로 나누기

$2\frac{2}{3} \div 2 = \frac{8}{3} \div 2 = \frac{8 \div 2}{3} = \frac{4}{3} = 1\frac{1}{3}$

가분수로 나타내기

$\div$(자연수)를 $\times \frac{1}{(자연수)}$로 바꾸기

방법 **2** $2\frac{2}{3} \div 2 = \frac{8}{3} \div 2 = \frac{\overset{4}{8}}{3} \times \frac{1}{\underset{1}{2}} = \frac{4}{3} = 1\frac{1}{3}$

가분수로 나타내기

● □안에 알맞은 수를 써넣으세요.

1 $1\frac{3}{4} \div 7 = \frac{\boxed{7}}{4} \div 7$

$= \frac{7 \div \boxed{7}}{4} = \frac{\boxed{1}}{4}$

2 $1\frac{5}{6} \div 2 = \frac{\boxed{11}}{6} \div 2$

$= \frac{\boxed{22}}{12} \div 2$

$= \frac{\boxed{22} \div 2}{12} = \frac{\boxed{11}}{12}$

3 $2\frac{2}{7} \div 4 = \frac{\boxed{16}}{7} \div 4$

$= \frac{\boxed{16} \div 4}{7} = \frac{\boxed{4}}{7}$

4 $1\frac{5}{9} \div 3 = \frac{\boxed{14}}{9} \div 3$

$= \frac{\boxed{42}}{27} \div 3$

$= \frac{\boxed{42} \div 3}{27} = \frac{\boxed{14}}{27}$

5 $1\frac{4}{11} \div 5 = \frac{\boxed{15}}{11} \div 5$

$= \frac{\boxed{15}}{11} \times \frac{1}{\boxed{5}} = \frac{\boxed{3}}{11}$

6 $3\frac{2}{15} \div 2 = \frac{\boxed{47}}{15} \div 2$

$= \frac{\boxed{47}}{15} \times \frac{1}{\boxed{2}}$

$= \frac{\boxed{47}}{30} = 1\frac{\boxed{17}}{30}$

7 $1\frac{5}{18} \div 3 = \frac{\boxed{23}}{18} \div 3$

$= \frac{\boxed{23}}{18} \times \frac{1}{\boxed{3}}$

$= \frac{\boxed{23}}{54}$

8 $2\frac{9}{20} \div 7 = \frac{\boxed{49}}{20} \div 7$

$= \frac{\boxed{49}}{20} \times \frac{1}{\boxed{7}} = \frac{\boxed{7}}{20}$

9 $1\frac{1}{23} \div 3 = \frac{\boxed{24}}{23} \div 3$

$= \frac{\boxed{24}}{23} \times \frac{1}{\boxed{3}} = \frac{\boxed{8}}{23}$

10 $2\frac{1}{32} \div 2 = \frac{\boxed{65}}{32} \div 2$

$= \frac{\boxed{65}}{32} \times \frac{1}{\boxed{2}}$

$= \frac{\boxed{65}}{64} = 1\frac{\boxed{1}}{64}$

11 $3\frac{5}{36} \div 5 = \frac{\boxed{113}}{36} \div 5$

$= \frac{\boxed{113}}{36} \times \frac{1}{\boxed{5}}$

$= \frac{\boxed{113}}{180}$

12 $1\frac{5}{43} \div 6 = \frac{\boxed{48}}{43} \div 6$

$= \frac{\boxed{48}}{43} \times \frac{1}{\boxed{6}} = \frac{\boxed{8}}{43}$

● 계산하여 기약분수로 나타내어 보세요.

13 $1\frac{1}{2} \div 3 = \frac{1}{2}$

14 $3\frac{1}{3} \div 5 = \frac{2}{3}$

15 $2\frac{3}{5} \div 5 = \frac{13}{25}$

16 $2\frac{5}{6} \div 2 = 1\frac{5}{12}\left(= \frac{17}{12}\right)$

17 $3\frac{6}{7} \div 9 = \frac{3}{7}$

18 $1\frac{5}{8} \div 3 = \frac{13}{24}$

19 $3\frac{5}{9} \div 4 = \frac{8}{9}$

20 $2\frac{3}{10} \div 2 = 1\frac{3}{20}\left(= \frac{23}{20}\right)$

21 $1\frac{7}{12} \div 4 = \frac{19}{48}$

22 $2\frac{11}{14} \div 13 = \frac{3}{14}$

23 $3\frac{7}{15} \div 3 = 1\frac{7}{45}\left(= \frac{52}{45}\right)$

24 $2\frac{3}{16} \div 7 = \frac{5}{16}$

25 $1\frac{1}{19} \div 5 = \frac{4}{19}$

26 $2\frac{4}{21} \div 4 = \frac{23}{42}$

27 $3\frac{5}{22} \div 2 = 1\frac{27}{44}\left(= \frac{71}{44}\right)$

28 $1\frac{5}{27} \div 8 = \frac{4}{27}$

29 $2\frac{3}{28} \div 3 = \frac{59}{84}$

30 $3\frac{7}{30} \div 4 = \frac{97}{120}$

31 $1\frac{2}{33} \div 5 = \frac{7}{33}$

32 $2\frac{8}{35} \div 6 = \frac{13}{35}$

33 $1\frac{11}{37} \div 12 = \frac{4}{37}$

34 $2\frac{3}{40} \div 3 = \frac{83}{120}$

35 $1\frac{19}{45} \div 4 = \frac{16}{45}$

36 $2\frac{14}{65} \div 18 = \frac{8}{65}$

정답

DAY 24 (분수)×(자연수)÷(자연수), (분수)÷(자연수)×(자연수)

정답 24쪽 | 맞힌 개수: /36

이렇게 계산해요

• $\frac{2}{5} \times 3 \div 4$의 계산

방법 1
$$\frac{2}{5} \times 3 \div 4 = \frac{6}{5} \div 4 = \frac{\overset{3}{6}}{5} \times \frac{1}{\underset{2}{4}} = \frac{3}{10}$$

방법 2
$$\frac{2}{5} \times 3 \div 4 = \frac{\overset{3}{6}}{5} \times 3 \times \frac{1}{\underset{2}{4}} = \frac{3}{10}$$

• $\frac{3}{4} \div 7 \times 2$의 계산

방법 1
$$\frac{3}{4} \div 7 \times 2 = \frac{3}{4} \times \frac{1}{7} \times 2 = \frac{3}{\overset{28}{14}} \times 2 = \frac{3}{14}$$

방법 2
$$\frac{3}{4} \div 7 \times 2 = \frac{3}{4} \times \frac{1}{7} \times \overset{1}{2} = \frac{3}{14}$$

● ☐안에 알맞은 수를 써넣으세요.

1 $\frac{2}{3} \times 4 \div 6 = \frac{\boxed{8}}{3} \div 6$
$= \frac{\boxed{8}}{3} \times \frac{1}{\boxed{6}} = \frac{\boxed{4}}{9}$

2 $\frac{9}{7} \times 5 \div 3 = \frac{\boxed{45}}{7} \div 3$
$= \frac{\boxed{45}}{7} \times \frac{1}{\boxed{3}}$
$= \frac{\boxed{15}}{7} = 2\frac{\boxed{1}}{7}$

3 $\frac{5}{8} \div 3 \times 4 = \frac{\boxed{5}}{8} \times \frac{1}{\boxed{3}} \times 4$
$= \frac{\boxed{5}}{24} \times 4 = \frac{\boxed{5}}{6}$

4 $\frac{14}{9} \div 2 \times 3 = \frac{\boxed{14}}{9} \times \frac{1}{\boxed{2}} \times 3$
$= \frac{\boxed{7}}{9} \times 3$
$= \frac{\boxed{7}}{3} = 2\frac{\boxed{1}}{3}$

5 $\frac{7}{10} \times 5 \div 2 = \frac{\boxed{7}}{10} \times 5 \times \frac{1}{\boxed{2}}$
$= \frac{\boxed{7}}{4} = 1\frac{\boxed{3}}{4}$

6 $\frac{9}{14} \times 4 \div 3 = \frac{\boxed{9}}{14} \times 4 \times \frac{1}{\boxed{3}}$
$= \frac{\boxed{6}}{7}$

7 $\frac{27}{22} \times 2 \div 9 = \frac{\boxed{27}}{22} \times 2 \times \frac{1}{\boxed{9}}$
$= \frac{\boxed{3}}{11}$

8 $1\frac{5}{28} \times 5 \div 3 = \frac{\boxed{33}}{28} \times 5 \times \frac{1}{\boxed{3}}$
$= \frac{\boxed{55}}{28}$
$= 1\frac{\boxed{27}}{28}$

9 $2\frac{4}{31} \div 6 \times 2 = \frac{\boxed{66}}{31} \times \frac{1}{\boxed{6}} \times 2$
$= \frac{\boxed{22}}{31}$

10 $\frac{16}{35} \div 4 \times 8 = \frac{\boxed{16}}{35} \times \frac{1}{\boxed{4}} \times 8$
$= \frac{\boxed{32}}{35}$

11 $\frac{49}{45} \div 2 \times 3 = \frac{\boxed{49}}{45} \times \frac{1}{\boxed{2}} \times 3$
$= \frac{\boxed{49}}{30} = 1\frac{\boxed{19}}{30}$

12 $1\frac{13}{47} \div 5 \times 4 = \frac{\boxed{60}}{47} \times \frac{1}{\boxed{5}} \times 4$
$= \frac{\boxed{48}}{47}$
$= 1\frac{\boxed{1}}{47}$

4

정답 24쪽

● 계산하여 기약분수로 나타내어 보세요.

13 $\frac{3}{4} \times 5 \div 9 = \frac{5}{12}$

14 $\frac{7}{5} \times 3 \div 6 = \frac{7}{10}$

15 $2\frac{5}{6} \times 2 \div 3 = 1\frac{8}{9}\left(=\frac{17}{9}\right)$

16 $\frac{13}{8} \times 7 \div 6 = 1\frac{43}{48}\left(=\frac{91}{48}\right)$

17 $\frac{4}{9} \times 6 \div 5 = \frac{8}{15}$

18 $2\frac{1}{10} \times 2 \div 7 = \frac{3}{5}$

19 $\frac{17}{12} \div 3 \times 4 = 1\frac{8}{9}\left(=\frac{17}{9}\right)$

20 $\frac{5}{14} \div 2 \times 8 = 1\frac{3}{7}\left(=\frac{10}{7}\right)$

21 $3\frac{4}{15} \div 7 \times 3 = 1\frac{2}{5}\left(=\frac{7}{5}\right)$

22 $\frac{11}{18} \div 2 \times 6 = 1\frac{5}{6}\left(=\frac{11}{6}\right)$

23 $\frac{29}{20} \div 4 \times 5 = 1\frac{13}{16}\left(=\frac{29}{16}\right)$

24 $1\frac{11}{24} \div 5 \times 2 = \frac{7}{12}$

25 $\frac{26}{25} \times 5 \div 3 = 1\frac{11}{15}\left(=\frac{26}{15}\right)$

26 $3\frac{4}{27} \times 3 \div 17 = \frac{5}{9}$

27 $\frac{16}{29} \times 4 \div 8 = \frac{8}{29}$

28 $\frac{7}{30} \times 6 \div 5 = \frac{7}{25}$

29 $\frac{35}{32} \times 4 \div 8 = \frac{35}{64}$

30 $1\frac{5}{34} \times 2 \div 9 = \frac{13}{51}$

31 $\frac{23}{36} \div 4 \times 6 = \frac{23}{24}$

32 $\frac{40}{37} \div 8 \times 2 = \frac{10}{37}$

33 $1\frac{5}{39} \div 11 \times 7 = \frac{28}{39}$

34 $\frac{49}{44} \div 7 \times 3 = \frac{21}{44}$

35 $\frac{25}{48} \div 5 \times 8 = \frac{5}{6}$

36 $1\frac{3}{55} \div 2 \times 3 = 1\frac{32}{55}\left(=\frac{87}{55}\right)$

4

DAY 25 (분수)÷(자연수)÷(자연수)

$\frac{6}{7} \div 5 \div 3$의 계산

방법 1 $\frac{6}{7} \div 5 \div 3 = \frac{6}{7} \times \frac{1}{5} \div 3 = \frac{6}{35} \times \frac{1}{3} = \frac{2}{35}$

방법 2 $\frac{6}{7} \div 5 \div 3 = \frac{6}{7} \times \frac{1}{5} \times \frac{1}{3} = \frac{2}{35}$

● ☐ 안에 알맞은 수를 써넣으세요.

1 $\frac{2}{3} \div 4 \div 5 = \frac{2}{3} \times \frac{1}{4} \div 5$
$= \frac{1}{6} \times \frac{1}{5} = \frac{1}{30}$

2 $\frac{5}{4} \div 2 \div 7 = \frac{5}{4} \times \frac{1}{2} \div 7$
$= \frac{5}{8} \times \frac{1}{7} = \frac{5}{56}$

3 $1\frac{3}{5} \div 3 \div 4 = \frac{8}{5} \times \frac{1}{3} \div 4$
$= \frac{8}{15} \times \frac{1}{4} = \frac{2}{15}$

4 $\frac{4}{7} \div 6 \div 3 = \frac{4}{7} \times \frac{1}{6} \div 3$
$= \frac{2}{21} \times \frac{1}{3} = \frac{2}{63}$

5 $1\frac{7}{8} \div 2 \div 5 = \frac{15}{8} \times \frac{1}{2} \div 5$
$= \frac{15}{16} \times \frac{1}{5} = \frac{3}{16}$

6 $\frac{14}{9} \div 7 \div 2 = \frac{14}{9} \times \frac{1}{7} \div 2$
$= \frac{2}{9} \times \frac{1}{2} = \frac{1}{9}$

7 $\frac{13}{10} \div 5 \div 2$
$= \frac{13}{10} \times \frac{1}{5} \times \frac{1}{2}$
$= \frac{13}{100}$

8 $\frac{9}{14} \div 6 \div 4 = \frac{9}{14} \times \frac{1}{6} \times \frac{1}{4}$
$= \frac{3}{112}$

9 $1\frac{5}{21} \div 2 \div 3$
$= \frac{26}{21} \times \frac{1}{2} \times \frac{1}{3}$
$= \frac{13}{63}$

10 $\frac{16}{25} \div 8 \div 2$
$= \frac{16}{25} \times \frac{1}{8} \times \frac{1}{2}$
$= \frac{1}{25}$

11 $2\frac{5}{32} \div 3 \div 3$
$= \frac{69}{32} \times \frac{1}{3} \times \frac{1}{3}$
$= \frac{23}{96}$

12 $\frac{8}{37} \div 4 \div 6 = \frac{8}{37} \times \frac{1}{4} \times \frac{1}{6}$
$= \frac{1}{111}$

13 $\frac{28}{41} \div 2 \div 7$
$= \frac{28}{41} \times \frac{1}{2} \times \frac{1}{7}$
$= \frac{2}{41}$

14 $1\frac{9}{46} \div 5 \div 2$
$= \frac{55}{46} \times \frac{1}{5} \times \frac{1}{2}$
$= \frac{11}{92}$

● 계산하여 기약분수로 나타내어 보세요.

15 $\frac{3}{4} \div 2 \div 3 = \frac{1}{8}$

16 $\frac{9}{5} \div 3 \div 5 = \frac{3}{25}$

17 $2\frac{4}{7} \div 4 \div 2 = \frac{9}{28}$

18 $\frac{15}{8} \div 5 \div 6 = \frac{1}{16}$

19 $\frac{4}{9} \div 2 \div 5 = \frac{2}{45}$

20 $2\frac{7}{10} \div 3 \div 7 = \frac{9}{70}$

21 $\frac{16}{11} \div 4 \div 3 = \frac{4}{33}$

22 $2\frac{1}{12} \div 6 \div 5 = \frac{5}{72}$

23 $\frac{12}{13} \div 8 \div 6 = \frac{1}{52}$

24 $\frac{22}{15} \div 2 \div 5 = \frac{11}{75}$

25 $\frac{21}{16} \div 7 \div 4 = \frac{3}{64}$

26 $3\frac{1}{18} \div 11 \div 3 = \frac{5}{54}$

27 $\frac{9}{20} \div 3 \div 6 = \frac{1}{40}$

28 $\frac{32}{21} \div 4 \div 2 = \frac{4}{21}$

29 $1\frac{2}{23} \div 5 \div 4 = \frac{5}{92}$

30 $2\frac{2}{27} \div 8 \div 3 = \frac{7}{81}$

31 $\frac{15}{28} \div 2 \div 5 = \frac{3}{56}$

32 $3\frac{1}{30} \div 13 \div 4 = \frac{7}{120}$

33 $\frac{35}{33} \div 3 \div 7 = \frac{5}{99}$

34 $\frac{27}{34} \div 3 \div 3 = \frac{3}{34}$

35 $\frac{49}{40} \div 7 \div 2 = \frac{7}{80}$

36 $\frac{55}{42} \div 11 \div 4 = \frac{5}{168}$

37 $1\frac{3}{47} \div 5 \div 6 = \frac{5}{141}$

38 $\frac{48}{55} \div 8 \div 2 = \frac{3}{55}$

정답

DAY 26 (진분수)÷(진분수)
: 분모가 같은 경우

- $\dfrac{6}{7} \div \dfrac{2}{7}$ 의 계산

분자끼리 나누기

$\dfrac{6}{7} \div \dfrac{2}{7} = 6 \div 2 = 3$

- $\dfrac{3}{5} \div \dfrac{4}{5}$ 의 계산

분자끼리 나누기

$\dfrac{3}{5} \div \dfrac{4}{5} = 3 \div 4 = \dfrac{3}{4}$

분자끼리 나누어지지 않으면
몫을 분수로 나타내기

● □ 안에 알맞은 수를 써넣으세요.

1 $\dfrac{2}{3} \div \dfrac{1}{3} = \boxed{2} \div \boxed{1} = \boxed{2}$

2 $\dfrac{3}{4} \div \dfrac{1}{4} = \boxed{3} \div \boxed{1} = \boxed{3}$

3 $\dfrac{4}{5} \div \dfrac{3}{5} = \boxed{4} \div 3$
  $= \dfrac{\boxed{4}}{3} = 1\dfrac{\boxed{1}}{3}$

4 $\dfrac{1}{6} \div \dfrac{5}{6} = \boxed{1} \div 5 = \dfrac{\boxed{1}}{5}$

5 $\dfrac{4}{7} \div \dfrac{2}{7} = \boxed{4} \div \boxed{2} = \boxed{2}$

6 $\dfrac{5}{8} \div \dfrac{1}{8} = \boxed{5} \div \boxed{1} = \boxed{5}$

7 $\dfrac{7}{9} \div \dfrac{4}{9} = \boxed{7} \div 4$
  $= \dfrac{\boxed{7}}{4} = 1\dfrac{\boxed{3}}{4}$

8 $\dfrac{7}{10} \div \dfrac{9}{10} = \boxed{7} \div 9 = \dfrac{\boxed{7}}{9}$

9 $\dfrac{6}{11} \div \dfrac{2}{11} = \boxed{6} \div \boxed{2} = \boxed{3}$

10 $\dfrac{8}{13} \div \dfrac{3}{13} = \boxed{8} \div 3$
  $= \dfrac{\boxed{8}}{3} = 2\dfrac{\boxed{2}}{3}$

11 $\dfrac{8}{15} \div \dfrac{4}{15} = \boxed{8} \div \boxed{4} = \boxed{2}$

12 $\dfrac{7}{20} \div \dfrac{9}{20} = \boxed{7} \div 9 = \dfrac{\boxed{7}}{9}$

13 $\dfrac{12}{23} \div \dfrac{6}{23} = \boxed{12} \div \boxed{6} = \boxed{2}$

14 $\dfrac{20}{27} \div \dfrac{5}{27} = \boxed{20} \div \boxed{5} = \boxed{4}$

15 $\dfrac{30}{31} \div \dfrac{6}{31} = \boxed{30} \div \boxed{6} = \boxed{5}$

16 $\dfrac{11}{32} \div \dfrac{3}{32} = \boxed{11} \div 3$
  $= \dfrac{\boxed{11}}{3} = 3\dfrac{\boxed{2}}{3}$

17 $\dfrac{36}{37} \div \dfrac{3}{37} = \boxed{36} \div \boxed{3} = \boxed{12}$

18 $\dfrac{3}{43} \div \dfrac{22}{43} = \boxed{3} \div 22 = \dfrac{\boxed{3}}{22}$

19 $\dfrac{35}{44} \div \dfrac{7}{44} = \boxed{35} \div \boxed{7} = \boxed{5}$

20 $\dfrac{15}{46} \div \dfrac{5}{46} = \boxed{15} \div \boxed{5} = \boxed{3}$

4

● 계산하여 기약분수로 나타내어 보세요.

21 $\dfrac{3}{5} \div \dfrac{2}{5} = 1\dfrac{1}{2}\left(=\dfrac{3}{2}\right)$

22 $\dfrac{6}{7} \div \dfrac{3}{7} = 2$

23 $\dfrac{3}{8} \div \dfrac{7}{8} = \dfrac{3}{7}$

24 $\dfrac{8}{9} \div \dfrac{2}{9} = 4$

25 $\dfrac{7}{10} \div \dfrac{3}{10} = 2\dfrac{1}{3}\left(=\dfrac{7}{3}\right)$

26 $\dfrac{1}{11} \div \dfrac{9}{11} = \dfrac{1}{9}$

27 $\dfrac{5}{12} \div \dfrac{11}{12} = \dfrac{5}{11}$

28 $\dfrac{9}{14} \div \dfrac{3}{14} = 3$

29 $\dfrac{15}{16} \div \dfrac{3}{16} = 5$

30 $\dfrac{14}{17} \div \dfrac{9}{17} = 1\dfrac{5}{9}\left(=\dfrac{14}{9}\right)$

31 $\dfrac{11}{18} \div \dfrac{13}{18} = \dfrac{11}{13}$

32 $\dfrac{16}{21} \div \dfrac{2}{21} = 8$

33 $\dfrac{15}{22} \div \dfrac{5}{22} = 3$

34 $\dfrac{17}{24} \div \dfrac{5}{24} = 3\dfrac{2}{5}\left(=\dfrac{17}{5}\right)$

35 $\dfrac{12}{25} \div \dfrac{2}{25} = 6$

36 $\dfrac{15}{28} \div \dfrac{3}{28} = 5$

37 $\dfrac{7}{30} \div \dfrac{17}{30} = \dfrac{7}{17}$

38 $\dfrac{16}{33} \div \dfrac{4}{33} = 4$

39 $\dfrac{32}{35} \div \dfrac{4}{35} = 8$

40 $\dfrac{9}{38} \div \dfrac{23}{38} = \dfrac{9}{23}$

41 $\dfrac{25}{42} \div \dfrac{5}{42} = 5$

42 $\dfrac{29}{46} \div \dfrac{3}{46} = 9\dfrac{2}{3}\left(=\dfrac{29}{3}\right)$

43 $\dfrac{49}{50} \div \dfrac{7}{50} = 7$

44 $\dfrac{48}{65} \div \dfrac{8}{65} = 6$

4

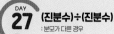

DAY 27 (진분수)÷(진분수)
: 분모가 다른 경우

이렇게 계산해요

$\dfrac{4}{7} \div \dfrac{3}{4}$ 의 계산

방법 1 $\dfrac{4}{7} \div \dfrac{3}{4} = \dfrac{16}{28} \div \dfrac{21}{28} = 16 \div 21 = \dfrac{16}{21}$

분자끼리 나누기 → 통분하기

방법 2 $\dfrac{4}{7} \div \dfrac{3}{4} = \dfrac{4}{7} \times \dfrac{4}{3} = \dfrac{16}{21}$

나누는 분수의 분자와 분모를 바꾸어
나눗셈을 곱셈으로 나타내기

● □ 안에 알맞은 수를 써넣으세요.

1 $\dfrac{2}{3} \div \dfrac{1}{5} = \dfrac{\boxed{10}}{15} \div \dfrac{3}{15}$
$= \boxed{10} \div 3$
$= \dfrac{\boxed{10}}{3} = 3\dfrac{\boxed{1}}{3}$

3 $\dfrac{5}{8} \div \dfrac{7}{16} = \dfrac{\boxed{10}}{16} \div \dfrac{7}{16}$
$= \boxed{10} \div 7$
$= \dfrac{\boxed{10}}{7} = 1\dfrac{\boxed{3}}{7}$

2 $\dfrac{4}{5} \div \dfrac{5}{8} = \dfrac{\boxed{32}}{40} \div \dfrac{25}{40}$
$= \boxed{32} \div 25$
$= \dfrac{\boxed{32}}{25} = 1\dfrac{\boxed{7}}{25}$

4 $\dfrac{4}{9} \div \dfrac{3}{4} = \dfrac{\boxed{16}}{36} \div \dfrac{27}{36}$
$= \boxed{16} \div 27$
$= \dfrac{\boxed{16}}{27}$

5 $\dfrac{3}{10} \div \dfrac{3}{20} = \dfrac{3}{10} \times \dfrac{\boxed{20}}{3} = \boxed{2}$

6 $\dfrac{7}{12} \div \dfrac{3}{7} = \dfrac{7}{12} \times \dfrac{\boxed{7}}{3}$
$= \dfrac{\boxed{49}}{36} = 1\dfrac{\boxed{13}}{36}$

7 $\dfrac{4}{15} \div \dfrac{2}{5} = \dfrac{4}{15} \times \dfrac{\boxed{5}}{2} = \dfrac{\boxed{2}}{3}$

8 $\dfrac{11}{18} \div \dfrac{5}{6} = \dfrac{11}{18} \times \dfrac{\boxed{6}}{5} = \dfrac{\boxed{11}}{15}$

9 $\dfrac{20}{21} \div \dfrac{5}{8} = \dfrac{20}{21} \times \dfrac{\boxed{8}}{5}$
$= \dfrac{\boxed{32}}{21} = 1\dfrac{\boxed{11}}{21}$

10 $\dfrac{8}{25} \div \dfrac{4}{9} = \dfrac{8}{25} \times \dfrac{\boxed{9}}{4} = \dfrac{\boxed{18}}{25}$

11 $\dfrac{15}{32} \div \dfrac{2}{7} = \dfrac{15}{32} \times \dfrac{\boxed{7}}{2}$
$= \dfrac{\boxed{105}}{64} = 1\dfrac{\boxed{41}}{64}$

12 $\dfrac{23}{36} \div \dfrac{3}{4} = \dfrac{23}{36} \times \dfrac{\boxed{4}}{3} = \dfrac{\boxed{23}}{27}$

13 $\dfrac{9}{40} \div \dfrac{3}{8} = \dfrac{9}{40} \times \dfrac{\boxed{8}}{3} = \dfrac{\boxed{3}}{5}$

14 $\dfrac{35}{44} \div \dfrac{5}{6} = \dfrac{35}{44} \times \dfrac{\boxed{6}}{5} = \dfrac{\boxed{21}}{22}$

● 계산하여 기약분수로 나타내어 보세요.

15 $\dfrac{1}{3} \div \dfrac{3}{4} = \dfrac{4}{9}$

16 $\dfrac{3}{4} \div \dfrac{1}{5} = 3\dfrac{3}{4}\left(=\dfrac{15}{4}\right)$

17 $\dfrac{2}{5} \div \dfrac{7}{9} = \dfrac{18}{35}$

18 $\dfrac{5}{6} \div \dfrac{5}{12} = 2$

19 $\dfrac{3}{7} \div \dfrac{2}{3} = \dfrac{9}{14}$

20 $\dfrac{7}{8} \div \dfrac{5}{12} = 2\dfrac{1}{10}\left(=\dfrac{21}{10}\right)$

21 $\dfrac{5}{9} \div \dfrac{1}{10} = 5\dfrac{5}{9}\left(=\dfrac{50}{9}\right)$

22 $\dfrac{7}{11} \div \dfrac{3}{8} = 1\dfrac{23}{33}\left(=\dfrac{56}{33}\right)$

23 $\dfrac{12}{13} \div \dfrac{4}{7} = 1\dfrac{8}{13}\left(=\dfrac{21}{13}\right)$

24 $\dfrac{9}{14} \div \dfrac{3}{5} = 1\dfrac{1}{14}\left(=\dfrac{15}{14}\right)$

25 $\dfrac{15}{16} \div \dfrac{7}{20} = 2\dfrac{19}{28}\left(=\dfrac{75}{28}\right)$

26 $\dfrac{3}{19} \div \dfrac{6}{11} = \dfrac{11}{38}$

27 $\dfrac{9}{20} \div \dfrac{3}{4} = \dfrac{3}{5}$

28 $\dfrac{3}{22} \div \dfrac{4}{11} = \dfrac{3}{8}$

29 $\dfrac{15}{26} \div \dfrac{5}{8} = \dfrac{12}{13}$

30 $\dfrac{22}{27} \div \dfrac{5}{12} = 1\dfrac{43}{45}\left(=\dfrac{88}{45}\right)$

31 $\dfrac{23}{30} \div \dfrac{7}{10} = 1\dfrac{2}{21}\left(=\dfrac{23}{21}\right)$

32 $\dfrac{25}{34} \div \dfrac{15}{17} = \dfrac{5}{6}$

33 $\dfrac{12}{35} \div \dfrac{6}{7} = \dfrac{2}{5}$

34 $\dfrac{18}{37} \div \dfrac{9}{10} = \dfrac{20}{37}$

35 $\dfrac{5}{42} \div \dfrac{1}{6} = \dfrac{5}{7}$

36 $\dfrac{14}{45} \div \dfrac{2}{3} = \dfrac{7}{15}$

37 $\dfrac{25}{48} \div \dfrac{5}{8} = \dfrac{5}{6}$

38 $\dfrac{25}{56} \div \dfrac{5}{6} = \dfrac{15}{28}$

정답

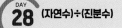

DAY 28 (자연수)÷(진분수)

정답 28쪽 | 맞힌 개수: /42

어떻게 계산하나요

• $6÷\dfrac{2}{3}$ 의 계산

자연수를 분수의 분자로 나누기

$$6÷\dfrac{2}{3}=(6÷2)×3=9$$

분수의 분모를 곱하기

• $5÷\dfrac{3}{4}$ 의 계산

$$5÷\dfrac{3}{4}=5×\dfrac{4}{3}=\dfrac{20}{3}=6\dfrac{2}{3}$$

나누는 분수의 분자와 분모를 바꾸어
나눗셈을 곱셈으로 나타내기

● □안에 알맞은 수를 써넣으세요.

1 $9÷\dfrac{3}{4}=(9÷\boxed{3})×\boxed{4}$
$\quad =\boxed{12}$

2 $7÷\dfrac{2}{5}=7×\dfrac{\boxed{5}}{2}$
$\quad =\dfrac{\boxed{35}}{2}=\boxed{17}\dfrac{\boxed{1}}{2}$

3 $8÷\dfrac{4}{5}=(8÷\boxed{4})×\boxed{5}$
$\quad =\boxed{10}$

4 $4÷\dfrac{5}{6}=4×\dfrac{\boxed{6}}{5}$
$\quad =\dfrac{\boxed{24}}{5}=\boxed{4}\dfrac{\boxed{4}}{5}$

5 $12÷\dfrac{2}{7}=(12÷\boxed{2})×\boxed{7}$
$\quad =\boxed{42}$

6 $9÷\dfrac{5}{8}=9×\dfrac{\boxed{8}}{5}$
$\quad =\dfrac{\boxed{72}}{5}=\boxed{14}\dfrac{\boxed{2}}{5}$

7 $6÷\dfrac{2}{9}=(6÷\boxed{2})×\boxed{9}$
$\quad =\boxed{27}$

8 $11÷\dfrac{4}{9}=11×\dfrac{\boxed{9}}{4}$
$\quad =\dfrac{\boxed{99}}{4}=\boxed{24}\dfrac{\boxed{3}}{4}$

9 $14÷\dfrac{7}{10}=(14÷\boxed{7})×\boxed{10}$
$\quad =\boxed{20}$

10 $3÷\dfrac{11}{12}=3×\dfrac{\boxed{12}}{11}$
$\quad =\dfrac{\boxed{36}}{11}=\boxed{3}\dfrac{\boxed{3}}{11}$

11 $27÷\dfrac{9}{14}=(27÷\boxed{9})×\boxed{14}$
$\quad =\boxed{42}$

12 $6÷\dfrac{4}{17}=6×\dfrac{\boxed{17}}{4}$
$\quad =\dfrac{\boxed{51}}{2}=\boxed{25}\dfrac{\boxed{1}}{2}$

13 $12÷\dfrac{4}{21}=(12÷\boxed{4})×\boxed{21}$
$\quad =\boxed{63}$

14 $12÷\dfrac{6}{25}=(12÷\boxed{6})×\boxed{25}$
$\quad =\boxed{50}$

15 $8÷\dfrac{5}{27}=8×\dfrac{\boxed{27}}{5}$
$\quad =\dfrac{\boxed{216}}{5}=\boxed{43}\dfrac{\boxed{1}}{5}$

16 $39÷\dfrac{13}{30}=(39÷\boxed{13})×\boxed{30}$
$\quad =\boxed{90}$

17 $12÷\dfrac{16}{35}=12×\dfrac{\boxed{35}}{16}$
$\quad =\dfrac{\boxed{105}}{4}=\boxed{26}\dfrac{\boxed{1}}{4}$

18 $16÷\dfrac{8}{45}=(16÷\boxed{8})×\boxed{45}$
$\quad =\boxed{90}$

4

정답 28쪽

● 계산하여 기약분수로 나타내어 보세요.

19 $12÷\dfrac{2}{3}=18$

20 $6÷\dfrac{4}{5}=7\dfrac{1}{2}\left(=\dfrac{15}{2}\right)$

21 $30÷\dfrac{5}{6}=36$

22 $28÷\dfrac{4}{7}=49$

23 $3÷\dfrac{7}{8}=3\dfrac{3}{7}\left(=\dfrac{24}{7}\right)$

24 $20÷\dfrac{5}{9}=36$

25 $9÷\dfrac{3}{10}=30$

26 $6÷\dfrac{8}{11}=8\dfrac{1}{4}\left(=\dfrac{33}{4}\right)$

27 $10÷\dfrac{2}{15}=75$

28 $4÷\dfrac{5}{16}=12\dfrac{4}{5}\left(=\dfrac{64}{5}\right)$

29 $28÷\dfrac{7}{18}=72$

30 $3÷\dfrac{3}{20}=20$

31 $15÷\dfrac{5}{22}=66$

32 $26÷\dfrac{13}{24}=48$

33 $12÷\dfrac{9}{26}=34\dfrac{2}{3}\left(=\dfrac{104}{3}\right)$

34 $16÷\dfrac{4}{31}=124$

35 $45÷\dfrac{9}{32}=160$

36 $30÷\dfrac{15}{34}=68$

37 $4÷\dfrac{8}{37}=18\dfrac{1}{2}\left(=\dfrac{37}{2}\right)$

38 $3÷\dfrac{5}{38}=22\dfrac{4}{5}\left(=\dfrac{114}{5}\right)$

39 $14÷\dfrac{7}{40}=80$

40 $2÷\dfrac{5}{42}=16\dfrac{4}{5}\left(=\dfrac{84}{5}\right)$

41 $36÷\dfrac{12}{49}=147$

42 $18÷\dfrac{9}{55}=110$

4

DAY 29 (가분수)÷(진분수)

이렇게 계산해요

$\dfrac{4}{3} \div \dfrac{5}{7}$ 의 계산

분자끼리 나누기

방법 1 $\dfrac{4}{3} \div \dfrac{5}{7} = \dfrac{28}{21} \div \dfrac{15}{21} = 28 \div 15 = \dfrac{28}{15} = 1\dfrac{13}{15}$

↳ 통분하기

방법 2 $\dfrac{4}{3} \div \dfrac{5}{7} = \dfrac{4}{3} \times \dfrac{7}{5} = \dfrac{28}{15} = 1\dfrac{13}{15}$

나누는 분수의 분자와 분모를 바꾸어
나눗셈을 곱셈으로 나타내기

● □안에 알맞은 수를 써넣으세요.

1. $\dfrac{7}{5} \div \dfrac{2}{3} = \dfrac{21}{15} \div \dfrac{10}{15}$

$= \boxed{21} \div 10$

$= \dfrac{21}{10} = 2\dfrac{1}{10}$

2. $\dfrac{10}{7} \div \dfrac{5}{6} = \dfrac{60}{42} \div \dfrac{35}{42}$

$= \boxed{60} \div 35 = \dfrac{60}{35}$

$= \dfrac{12}{7} = 1\dfrac{5}{7}$

3. $\dfrac{11}{8} \div \dfrac{4}{5} = \dfrac{55}{40} \div \dfrac{32}{40}$

$= \boxed{55} \div 32$

$= \dfrac{55}{32} = 1\dfrac{23}{32}$

4. $\dfrac{10}{9} \div \dfrac{7}{8} = \dfrac{80}{72} \div \dfrac{63}{72}$

$= \boxed{80} \div 63$

$= \dfrac{80}{63} = 1\dfrac{17}{63}$

5. $\dfrac{15}{13} \div \dfrac{10}{11} = \dfrac{15}{13} \times \dfrac{11}{10}$

$= \dfrac{33}{26} = 1\dfrac{7}{26}$

6. $\dfrac{22}{15} \div \dfrac{5}{6} = \dfrac{22}{15} \times \dfrac{6}{5}$

$= \dfrac{44}{25} = 1\dfrac{19}{25}$

7. $\dfrac{24}{17} \div \dfrac{2}{3} = \dfrac{24}{17} \times \dfrac{3}{2}$

$= \dfrac{36}{17} = 2\dfrac{2}{17}$

8. $\dfrac{33}{20} \div \dfrac{3}{5} = \dfrac{33}{20} \times \dfrac{5}{3}$

$= \dfrac{11}{4} = 2\dfrac{3}{4}$

9. $\dfrac{32}{27} \div \dfrac{4}{9} = \dfrac{32}{27} \times \dfrac{9}{4}$

$= \dfrac{8}{3} = 2\dfrac{2}{3}$

10. $\dfrac{35}{32} \div \dfrac{5}{7} = \dfrac{35}{32} \times \dfrac{7}{5}$

$= \dfrac{49}{32} = 1\dfrac{17}{32}$

11. $\dfrac{48}{35} \div \dfrac{8}{9} = \dfrac{48}{35} \times \dfrac{9}{8}$

$= \dfrac{54}{35} = 1\dfrac{19}{35}$

12. $\dfrac{54}{43} \div \dfrac{6}{7} = \dfrac{54}{43} \times \dfrac{7}{6}$

$= \dfrac{63}{43} = 1\dfrac{20}{43}$

● 계산하여 기약분수로 나타내어 보세요.

13. $\dfrac{5}{2} \div \dfrac{3}{4} = 3\dfrac{1}{3}\left(=\dfrac{10}{3}\right)$

14. $\dfrac{8}{3} \div \dfrac{2}{5} = 6\dfrac{2}{3}\left(=\dfrac{20}{3}\right)$

15. $\dfrac{9}{4} \div \dfrac{6}{7} = 2\dfrac{5}{8}\left(=\dfrac{21}{8}\right)$

16. $\dfrac{12}{5} \div \dfrac{4}{9} = 5\dfrac{2}{5}\left(=\dfrac{27}{5}\right)$

17. $\dfrac{7}{6} \div \dfrac{2}{3} = 1\dfrac{3}{4}\left(=\dfrac{7}{4}\right)$

18. $\dfrac{15}{7} \div \dfrac{5}{8} = 3\dfrac{3}{7}\left(=\dfrac{24}{7}\right)$

19. $\dfrac{16}{9} \div \dfrac{5}{6} = 2\dfrac{2}{15}\left(=\dfrac{32}{15}\right)$

20. $\dfrac{19}{12} \div \dfrac{3}{4} = 2\dfrac{1}{9}\left(=\dfrac{19}{9}\right)$

21. $\dfrac{15}{14} \div \dfrac{5}{7} = 1\dfrac{1}{2}\left(=\dfrac{3}{2}\right)$

22. $\dfrac{21}{16} \div \dfrac{3}{8} = 3\dfrac{1}{2}\left(=\dfrac{7}{2}\right)$

23. $\dfrac{23}{18} \div \dfrac{5}{9} = 2\dfrac{3}{10}\left(=\dfrac{23}{10}\right)$

24. $\dfrac{26}{19} \div \dfrac{2}{5} = 3\dfrac{8}{19}\left(=\dfrac{65}{19}\right)$

25. $\dfrac{32}{21} \div \dfrac{4}{7} = 2\dfrac{2}{3}\left(=\dfrac{8}{3}\right)$

26. $\dfrac{35}{22} \div \dfrac{5}{6} = 1\dfrac{10}{11}\left(=\dfrac{21}{11}\right)$

27. $\dfrac{32}{25} \div \dfrac{4}{5} = 1\dfrac{3}{5}\left(=\dfrac{8}{5}\right)$

28. $\dfrac{27}{26} \div \dfrac{9}{13} = 1\dfrac{1}{2}\left(=\dfrac{3}{2}\right)$

29. $\dfrac{45}{28} \div \dfrac{9}{14} = 2\dfrac{1}{2}\left(=\dfrac{5}{2}\right)$

30. $\dfrac{37}{30} \div \dfrac{3}{10} = 4\dfrac{1}{9}\left(=\dfrac{37}{9}\right)$

31. $\dfrac{34}{33} \div \dfrac{2}{3} = 1\dfrac{6}{11}\left(=\dfrac{17}{11}\right)$

32. $\dfrac{44}{35} \div \dfrac{4}{9} = 2\dfrac{29}{35}\left(=\dfrac{99}{35}\right)$

33. $\dfrac{45}{38} \div \dfrac{3}{8} = 3\dfrac{3}{19}\left(=\dfrac{60}{19}\right)$

34. $\dfrac{48}{43} \div \dfrac{8}{9} = 1\dfrac{11}{43}\left(=\dfrac{54}{43}\right)$

35. $\dfrac{49}{47} \div \dfrac{7}{10} = 1\dfrac{23}{47}\left(=\dfrac{70}{47}\right)$

36. $\dfrac{55}{54} \div \dfrac{5}{6} = 1\dfrac{2}{9}\left(=\dfrac{11}{9}\right)$

정답

DAY 30 (대분수)÷(진분수)

이렇게 계산해요

$1\frac{2}{3}\div\frac{4}{5}$의 계산

가분수로 나타내기

방법 1 $1\frac{2}{3}\div\frac{4}{5}=\frac{5}{3}\div\frac{4}{5}=\frac{25}{15}\div\frac{12}{15}=25\div12=\frac{25}{12}=2\frac{1}{12}$

↳ 통분하기

방법 2 $1\frac{2}{3}\div\frac{4}{5}=\frac{5}{3}\div\frac{4}{5}=\frac{5}{3}\times\frac{5}{4}=\frac{25}{12}=2\frac{1}{12}$

나누는 분수의 분자와 분모를 바꾸어
나눗셈을 곱셈으로 나타내기

● □안에 알맞은 수를 써넣으세요.

1 $2\frac{3}{4}\div\frac{2}{3}=\frac{11}{4}\div\frac{2}{3}=\frac{\boxed{33}}{12}\div\frac{\boxed{8}}{12}$

$=\boxed{33}\div8=\frac{\boxed{33}}{8}$

$=\boxed{4}\frac{\boxed{1}}{8}$

2 $1\frac{1}{6}\div\frac{3}{4}=\frac{7}{6}\div\frac{3}{4}=\frac{\boxed{14}}{12}\div\frac{\boxed{9}}{12}$

$=\boxed{14}\div9=\frac{\boxed{14}}{9}$

$=\boxed{1}\frac{\boxed{5}}{9}$

3 $1\frac{5}{8}\div\frac{3}{4}=\frac{13}{8}\div\frac{3}{4}=\frac{13}{8}\div\frac{\boxed{6}}{8}$

$=13\div\boxed{6}=\frac{13}{\boxed{6}}$

$=\boxed{2}\frac{\boxed{1}}{6}$

4 $2\frac{7}{9}\div\frac{2}{3}=\frac{25}{9}\div\frac{2}{3}=\frac{25}{9}\div\frac{\boxed{6}}{9}$

$=25\div\boxed{6}=\frac{25}{\boxed{6}}$

$=\boxed{4}\frac{\boxed{1}}{6}$

5 $1\frac{3}{11}\div\frac{7}{9}=\frac{14}{11}\div\frac{7}{9}=\frac{14}{11}\times\frac{\boxed{9}}{7}$

$=\frac{\boxed{18}}{11}=1\frac{\boxed{7}}{11}$

6 $2\frac{2}{15}\div\frac{4}{5}=\frac{32}{15}\div\frac{4}{5}=\frac{32}{15}\times\frac{\boxed{5}}{4}$

$=\frac{\boxed{8}}{3}=2\frac{\boxed{2}}{3}$

7 $1\frac{5}{19}\div\frac{6}{7}=\frac{24}{19}\div\frac{6}{7}=\frac{24}{19}\times\frac{\boxed{7}}{6}$

$=\frac{\boxed{28}}{19}=1\frac{\boxed{9}}{19}$

8 $2\frac{1}{22}\div\frac{5}{6}=\frac{45}{22}\div\frac{5}{6}$

$=\frac{45}{22}\times\frac{\boxed{6}}{5}$

$=\frac{\boxed{27}}{11}=2\frac{\boxed{5}}{11}$

9 $1\frac{8}{27}\div\frac{9}{5}=\frac{35}{27}\div\frac{9}{5}=\frac{35}{27}\times\frac{\boxed{9}}{5}$

$=\frac{\boxed{7}}{3}=2\frac{\boxed{1}}{3}$

10 $1\frac{7}{33}\div\frac{2}{3}=\frac{40}{33}\div\frac{2}{3}=\frac{40}{33}\times\frac{\boxed{3}}{2}$

$=\frac{\boxed{20}}{11}=1\frac{\boxed{9}}{11}$

11 $1\frac{7}{38}\div\frac{3}{4}=\frac{45}{38}\div\frac{3}{4}=\frac{45}{38}\times\frac{\boxed{4}}{3}$

$=\frac{\boxed{30}}{19}=1\frac{\boxed{11}}{19}$

12 $1\frac{13}{44}\div\frac{9}{10}=\frac{57}{44}\div\frac{9}{10}$

$=\frac{57}{44}\times\frac{\boxed{10}}{9}$

$=\frac{\boxed{95}}{66}=1\frac{\boxed{29}}{66}$

4

● 계산하여 기약분수로 나타내어 보세요.

13 $2\frac{2}{3}\div\frac{3}{4}=3\frac{5}{9}\left(=\frac{32}{9}\right)$

14 $3\frac{1}{4}\div\frac{5}{6}=3\frac{9}{10}\left(=\frac{39}{10}\right)$

15 $5\frac{2}{5}\div\frac{3}{7}=12\frac{3}{5}\left(=\frac{63}{5}\right)$

16 $2\frac{5}{6}\div\frac{3}{4}=3\frac{7}{9}\left(=\frac{34}{9}\right)$

17 $6\frac{3}{7}\div\frac{5}{9}=11\frac{4}{7}\left(=\frac{81}{7}\right)$

18 $1\frac{7}{8}\div\frac{10}{13}=2\frac{7}{16}\left(=\frac{39}{16}\right)$

19 $4\frac{2}{9}\div\frac{2}{7}=14\frac{7}{9}\left(=\frac{133}{9}\right)$

20 $6\frac{3}{10}\div\frac{7}{11}=9\frac{9}{10}\left(=\frac{99}{10}\right)$

21 $1\frac{7}{12}\div\frac{2}{3}=2\frac{3}{8}\left(=\frac{19}{8}\right)$

22 $2\frac{3}{14}\div\frac{5}{8}=3\frac{19}{35}\left(=\frac{124}{35}\right)$

23 $3\frac{1}{16}\div\frac{3}{4}=4\frac{1}{12}\left(=\frac{49}{12}\right)$

24 $5\frac{5}{18}\div\frac{7}{9}=6\frac{11}{14}\left(=\frac{95}{14}\right)$

25 $2\frac{9}{20}\div\frac{3}{5}=4\frac{1}{12}\left(=\frac{49}{12}\right)$

26 $1\frac{4}{21}\div\frac{5}{14}=3\frac{1}{3}\left(=\frac{10}{3}\right)$

27 $4\frac{4}{25}\div\frac{9}{10}=4\frac{28}{45}\left(=\frac{208}{45}\right)$

28 $6\frac{1}{26}\div\frac{8}{13}=9\frac{13}{16}\left(=\frac{157}{16}\right)$

29 $1\frac{5}{28}\div\frac{5}{7}=1\frac{13}{20}\left(=\frac{33}{20}\right)$

30 $3\frac{7}{30}\div\frac{3}{10}=10\frac{7}{9}\left(=\frac{97}{9}\right)$

31 $2\frac{3}{32}\div\frac{5}{8}=3\frac{7}{20}\left(=\frac{67}{20}\right)$

32 $5\frac{4}{35}\div\frac{4}{5}=6\frac{11}{28}\left(=\frac{179}{28}\right)$

33 $1\frac{9}{40}\div\frac{7}{9}=1\frac{23}{40}\left(=\frac{63}{40}\right)$

34 $2\frac{5}{42}\div\frac{3}{7}=4\frac{17}{18}\left(=\frac{89}{18}\right)$

35 $3\frac{1}{48}\div\frac{5}{6}=3\frac{5}{8}\left(=\frac{29}{8}\right)$

36 $4\frac{3}{65}\div\frac{2}{15}=30\frac{9}{26}\left(=\frac{789}{26}\right)$

4

DAY 31 (대분수)÷(대분수)

이렇게 계산해요

$1\frac{1}{6} \div 1\frac{1}{2}$ 의 계산

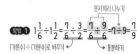

방법 ① $1\frac{1}{6} \div 1\frac{1}{2} = \frac{7}{6} \div \frac{3}{2} = \frac{7}{6} \div \frac{9}{6} = 7 \div 9 = \frac{7}{9}$

(가분수)÷(가분수)로 바꾸기   통분하기

방법 ② $1\frac{1}{6} \div 1\frac{1}{2} = \frac{7}{6} \div \frac{3}{2} = \frac{7}{6} \times \frac{2}{3} = \frac{7}{9}$

나누는 분수의 분자와 분모를 바꾸어
나눗셈을 곱셈으로 나타내기

● □안에 알맞은 수를 써넣으세요.

1 $1\frac{2}{3} \div 1\frac{1}{6} = \frac{5}{3} \div \frac{7}{6} = \frac{10}{6} \div \frac{7}{6}$
$= 10 \div 7 = \frac{10}{7}$
$= 1\frac{3}{7}$

2 $1\frac{3}{4} \div 1\frac{1}{2} = \frac{7}{4} \div \frac{3}{2} = \frac{7}{4} \div \frac{6}{4}$
$= 7 \div 6 = \frac{7}{6}$
$= 1\frac{1}{6}$

3 $1\frac{1}{8} \div 1\frac{3}{4} = \frac{9}{8} \div \frac{7}{4}$
$= \frac{9}{8} \div \frac{14}{8}$
$= 9 \div 14 = \frac{9}{14}$

4 $2\frac{5}{9} \div 2\frac{2}{3} = \frac{23}{9} \div \frac{8}{3}$
$= \frac{23}{9} \div \frac{24}{9}$
$= 23 \div 24 = \frac{23}{24}$

5 $1\frac{7}{10} \div 2\frac{1}{5} = \frac{17}{10} \div \frac{11}{5}$
$= \frac{17}{10} \times \frac{5}{11} = \frac{17}{22}$

6 $1\frac{11}{15} \div 1\frac{2}{3} = \frac{26}{15} \div \frac{5}{3}$
$= \frac{26}{15} \times \frac{3}{5} = \frac{26}{25}$
$= 1\frac{1}{25}$

7 $2\frac{1}{17} \div 2\frac{1}{2} = \frac{35}{17} \div \frac{5}{2}$
$= \frac{35}{17} \times \frac{2}{5} = \frac{14}{17}$

8 $2\frac{4}{25} \div 1\frac{1}{5} = \frac{54}{25} \div \frac{6}{5}$
$= \frac{54}{25} \times \frac{5}{6}$
$= \frac{9}{5} = 1\frac{4}{5}$

9 $1\frac{5}{28} \div 1\frac{4}{7} = \frac{33}{28} \div \frac{11}{7}$
$= \frac{33}{28} \times \frac{7}{11} = \frac{3}{4}$

10 $2\frac{17}{30} \div 1\frac{2}{5} = \frac{77}{30} \div \frac{7}{5}$
$= \frac{77}{30} \times \frac{5}{7} = \frac{11}{6}$
$= 1\frac{5}{6}$

11 $1\frac{13}{36} \div 1\frac{7}{9} = \frac{49}{36} \div \frac{16}{9}$
$= \frac{49}{36} \times \frac{9}{16} = \frac{49}{64}$

12 $1\frac{43}{45} \div 1\frac{3}{5} = \frac{88}{45} \div \frac{8}{5}$
$= \frac{88}{45} \times \frac{5}{8}$
$= \frac{11}{9} = 1\frac{2}{9}$

● 계산하여 기약분수로 나타내어 보세요.

13 $2\frac{1}{2} \div 1\frac{3}{4} = 1\frac{3}{7}\left(=\frac{10}{7}\right)$

14 $4\frac{2}{3} \div 2\frac{5}{9} = 1\frac{19}{23}\left(=\frac{42}{23}\right)$

15 $3\frac{3}{4} \div 1\frac{1}{2} = 2\frac{1}{2}\left(=\frac{5}{2}\right)$

16 $1\frac{4}{5} \div 1\frac{2}{3} = 1\frac{2}{25}\left(=\frac{27}{25}\right)$

17 $5\frac{1}{6} \div 4\frac{1}{2} = 1\frac{4}{27}\left(=\frac{31}{27}\right)$

18 $3\frac{3}{7} \div 1\frac{4}{5} = 1\frac{19}{21}\left(=\frac{40}{21}\right)$

19 $6\frac{7}{8} \div 2\frac{2}{9} = 3\frac{3}{32}\left(=\frac{99}{32}\right)$

20 $1\frac{5}{9} \div 2\frac{1}{3} = \frac{2}{3}$

21 $2\frac{1}{10} \div 1\frac{2}{5} = 1\frac{1}{2}\left(=\frac{3}{2}\right)$

22 $3\frac{5}{12} \div 2\frac{5}{6} = 1\frac{7}{34}\left(=\frac{41}{34}\right)$

23 $4\frac{4}{13} \div 1\frac{1}{7} = 3\frac{10}{13}\left(=\frac{49}{13}\right)$

24 $5\frac{5}{14} \div 6\frac{1}{4} = \frac{6}{7}$

25 $2\frac{7}{16} \div 3\frac{3}{8} = \frac{13}{18}$

26 $1\frac{7}{18} \div 1\frac{2}{3} = \frac{5}{6}$

27 $2\frac{9}{20} \div 1\frac{3}{4} = 1\frac{2}{5}\left(=\frac{7}{5}\right)$

28 $1\frac{5}{22} \div 3\frac{3}{4} = \frac{18}{55}$

29 $4\frac{2}{25} \div 1\frac{3}{5} = 2\frac{11}{20}\left(=\frac{51}{20}\right)$

30 $2\frac{4}{27} \div 1\frac{2}{9} = 1\frac{25}{33}\left(=\frac{58}{33}\right)$

31 $1\frac{11}{29} \div 2\frac{1}{7} = \frac{56}{87}$

32 $3\frac{2}{31} \div 1\frac{2}{3} = 1\frac{26}{31}\left(=\frac{57}{31}\right)$

33 $1\frac{9}{35} \div 2\frac{2}{5} = \frac{11}{21}$

34 $2\frac{7}{40} \div 1\frac{3}{20} = 1\frac{41}{46}\left(=\frac{87}{46}\right)$

35 $1\frac{23}{48} \div 1\frac{5}{12} = 1\frac{3}{68}\left(=\frac{71}{68}\right)$

36 $1\frac{3}{55} \div 1\frac{1}{5} = \frac{29}{33}$

DAY 32 평가

● 계산하여 기약분수로 나타내어 보세요.

1 $\frac{3}{4} \div 6 = \frac{1}{8}$

2 $\frac{4}{5} \div \frac{2}{5} = 2$

3 $10 \div \frac{5}{6} = 12$

4 $\frac{7}{6} \times 3 \div 2 = 1\frac{3}{4}\left(=\frac{7}{4}\right)$

5 $\frac{11}{8} \div \frac{3}{4} = 1\frac{5}{6}\left(=\frac{11}{6}\right)$

6 $\frac{8}{9} \div \frac{2}{3} = 1\frac{1}{3}\left(=\frac{4}{3}\right)$

7 $1\frac{7}{10} \div \frac{1}{2} = 3\frac{2}{5}\left(=\frac{17}{5}\right)$

8 $3\frac{4}{11} \div 5 = \frac{37}{55}$

9 $\frac{25}{12} \div \frac{5}{8} = 3\frac{1}{3}\left(=\frac{10}{3}\right)$

10 $4\frac{1}{14} \div 1\frac{2}{7} = 3\frac{1}{6}\left(=\frac{19}{6}\right)$

11 $2\frac{14}{15} \div 3 \div 4 = \frac{11}{45}$

12 $\frac{19}{16} \div 3 \times 8 = 3\frac{1}{6}\left(=\frac{19}{6}\right)$

13 $9 \div \frac{5}{18} = 32\frac{2}{5}\left(=\frac{162}{5}\right)$

14 $\frac{19}{20} \div \frac{3}{4} = 1\frac{4}{15}\left(=\frac{19}{15}\right)$

15 $\frac{16}{21} \div 10 \times 14 = 1\frac{1}{15}\left(=\frac{16}{15}\right)$

16 $2\frac{13}{22} \div \frac{5}{6} = 3\frac{6}{55}\left(=\frac{171}{55}\right)$

17 $1\frac{7}{23} \div 6 = \frac{5}{23}$

18 $\frac{23}{24} \div \frac{7}{24} = 3\frac{2}{7}\left(=\frac{23}{7}\right)$

19 $\frac{28}{25} \div 7 = \frac{4}{25}$

20 $1\frac{9}{26} \div 1\frac{7}{8} = \frac{28}{39}$

21 $3\frac{1}{27} \div 2 \div 2 = \frac{41}{54}$

22 $\frac{45}{28} \div \frac{3}{7} = 3\frac{3}{4}\left(=\frac{15}{4}\right)$

23 $3\frac{7}{30} \div 1\frac{3}{5} = 2\frac{1}{48}\left(=\frac{97}{48}\right)$

24 $\frac{27}{32} \div \frac{15}{28} = 1\frac{23}{40}\left(=\frac{63}{40}\right)$

다른 그림 찾기

≫ 다른 그림 8곳을 찾아보세요.

아이스크림
더연산